CH. LACOUTURE

ANCIEN PROFESSEUR DE SCIENCES NATURELLES
AU COLLÈGE SAINT-CLÉMENT, DE METZ

HÉPATIQUES DE LA FRANCE

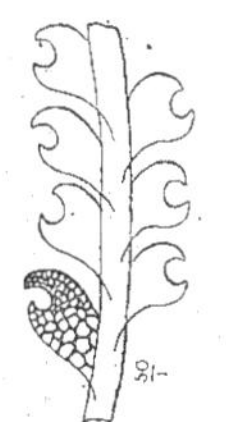

TABLEAUX SYNOPTIQUES

DES CARACTÈRES SAILLANTS

DES TRIBUS, DES GENRES ET DES ESPÈCES

Avec plus de 200 figures

représentant toutes les espèces de la Flore française

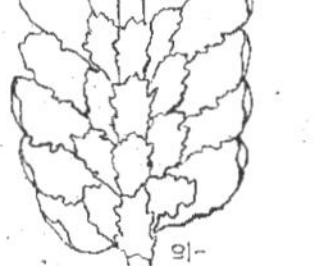

PAUL KLINCKSIECK

LIBRAIRIE DES SCIENCES NATURELLES

3, rue Corneille, PARIS (VIe)

1905

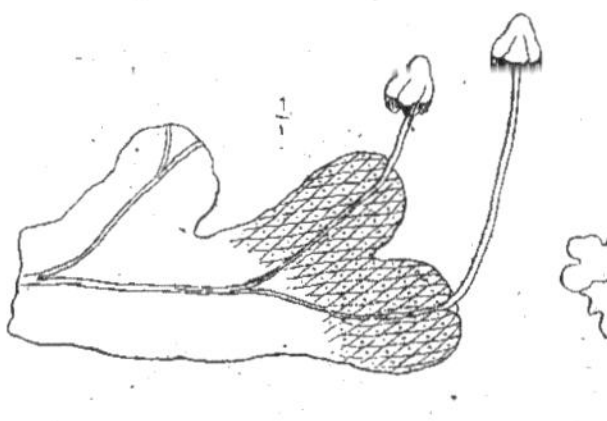

ATLAS

DES HÉPATIQUES

DE LA FRANCE

CH. LACOUTURE

ANCIEN PROFESSEUR DE SCIENCES NATURELLES
AU COLLÈGE SAINT-CLÉMENT, DE METZ

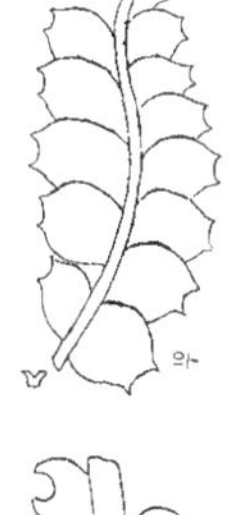

HÉPATIQUES DE LA FRANCE

TABLEAUX SYNOPTIQUES

DES CARACTÈRES SAILLANTS

DES TRIBUS, DES GENRES ET DES ESPÈCES

Avec plus de 200 figures
représentant toutes les espèces de la Flore française

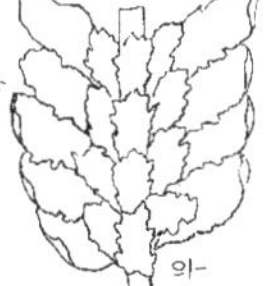

PAUL KLINCKSIECK
LIBRAIRIE DES SCIENCES NATURELLES
3, rue Corneille, PARIS (VIe)

1905

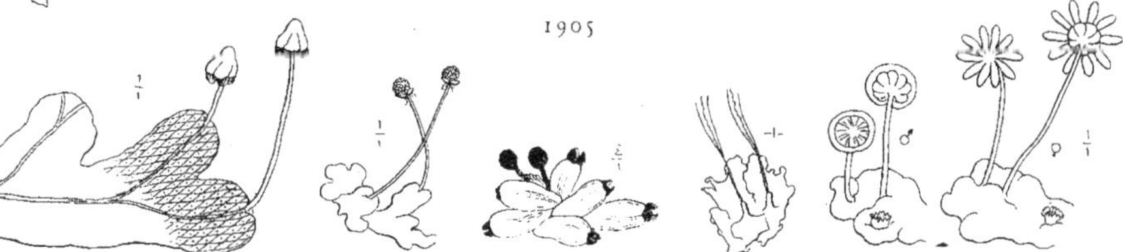

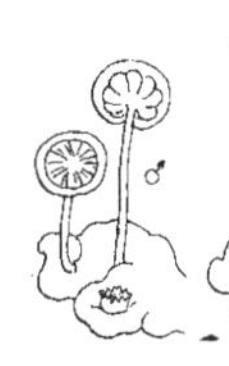

EXTRAITS DE QUELQUES LETTRES

adressées à l'Auteur de ces tableaux.

« Je trouve l'idée de votre travail excellente et l'exécution digne d'éloges. »

L. CORBIÈRE, à qui l'on doit les *Muscinées de la Manche*, etc.

« Votre ouvrage est très bien conçu, il rendra de grands services aux débutants. Que ne l'ai-je eu, il y a quarante ans, il m'eût épargné bien des ennuis et des pertes de temps. Il arrive à point, ma *Flore des Hépatiques* est épuisée. »

T. HUSNOT, directeur de la *Revue bryologique*, etc.

« Je puis vous adresser les éloges les plus mérités sur la méthode parfaite, claire et précise de votre exposition qui est ce que j'ai vu de mieux au point de vue pratique. Vos figures sont aussi très démonstratives et vous avez eu le bon esprit d'adopter un grossissement suffisant... »

F. RENAULD, qui a donné le *Prodrome de la Flore bryologique de Madagascar*, etc., etc.

INTRODUCTION

Sans parler des Flores spéciales à tel département ou à telle province, nous avons pour connaître les Hépatiques de la France, la *Flore descriptive* de M. Husnot, déjà ancienne mais toujours précieuse par sa clarté ; puis les *Muscinées* de M. l'abbé Boulay, œuvre toute récente et vraiment magistrale.

Néanmoins, les abords de cette partie de la science restent difficiles, et, à moins d'avoir à leur portée quelque hépaticologue fort complaisant ou quelque herbier qu'ils puissent consulter, les débutants, j'en ai fait l'expérience, ont beaucoup de peine à identifier leurs récoltes. En effet, la classification actuellement en faveur est fondée sur la structure des organes de la reproduction ; or ces organes ne se rencontrent pas toujours, il s'en faut ; de plus, fussent-ils présents, leurs modifications sont parfois d'une distinction assez subtile pour laisser place à de grandes incertitudes.

La classification des anciens auteurs, qui prenait son point de départ dans les organes de l'ordre végétatif, était moins savante, mais elle était d'une étude plus facile, car en tout temps on rencontre la tige et les feuilles; leurs modifications sont, en général, aisées à constater et dès lors on peut reconnaître plus facilement les caractères qui les spécifient.

Nous essayons dans les tableaux qui suivent de revenir à cet ancien procédé tout en le perfectionnant. On nous objectera peut-être que ce travail est déjà fait, soit dans la *Nouvelle Flore* de M. Douin, soit dans la clef analytique donnée par M. l'abbé Boulay. Assurément l'un et l'autre nous offrent de réelles ressources, mais encore M. Douin ne détermine qu'une moitié des Hépatiques connues, et la clef dichotomique de M. Boulay a, comme toutes les clefs du même genre, l'inconvénient de conduire au nom spécifique par des sentiers si étroits qu'ils ne permettent guère de se faire une idée de la tribu et du genre auxquels appartient l'espèce en question. Pour nous, étant donnée une hépatique quelconque (de la France), nous nous proposons de faire connaître successivement la tribu, puis le genre dont elle fait partie, et enfin le nom qui la spécifie, à l'aide de nos tableaux et de nos croquis.

Ces tableaux ne sauraient évidemment remplacer aucune des Flores descriptives mentionnées plus haut ; ils ne pourront donner une idée de ces variations ondoyantes que mentionne avec tant de soin M. l'abbé Boulay. Nos tableaux se bornent à signaler les particularités saillantes qui, par leur constance, peuvent le mieux servir à *contradistinguer* les tribus entre elles, et de même les genres et les espèces; nos croquis ont avant tout pour but de figurer aux yeux ces mêmes caractères tels que les offre la nature.

En donnant, en ces tableaux, le premier rang à l'appareil de la végétation, aux feuilles surtout, nous arriverons à des groupements d'un aspect plus naturel que ne le sont, par exemple, les groupes des Epigonianthées et des Trigonanthées, dus à l'étude de l'appareil de la reproduction. Ces derniers laissent parfois beaucoup à désirer. Ainsi, M. l'abbé Boulay en convient, les éléments de la tribu des Epigonianthées n'y sont réunis que parce qu'ils n'ont pas trouvé place dans les autres sections. Il y a de même des éléments assez disparates dans la tribu des Trigonanthées; or ces deux nouvelles tribus renferment plus de la moitié de nos Hépatiques foliées (1).

D'ailleurs, aux caractères de l'ordre végétatif, nous joindrons quelques-uns de ceux que l'on tire des organes de la reproduction, particulièrement à l'égard des Hépatiques à thalle, autrement la classification ne serait pas naturelle et la détermination des espèces resterait souvent incertaine.

Est-ce à dire qu'à l'aide de cet atlas, on arrivera toujours et promptement à l'identification de tout spécimen d'hépatique? L'espérer serait témérité vu la grande variabilité de ces petites plantes sous l'influence des conditions dans lesquelles elles végètent. Parfois la tige devient plus grêle, les feuilles plus maigres, plus distantes; souvent sur une même tige les feuilles ne sont pas semblables, elles se diversifient soit au sommet soit à la base; c'est vers le tiers supérieur que l'on rencontre le plus sûrement leur forme normale. Enfin, le type propre à chaque espèce n'est pas toujours pleinement réalisé dans tous les échantillons, ce n'est qu'après l'examen d'un bon nombre de spécimens que l'on arrive à se faire une idée vraie de ce type autour duquel oscillent des formes plus ou moins altérées.

On souhaiterait que les dessins pussent représenter le port général de la plante, puis les organes de la végétation et de la fructification, l'aréolation des tissus, les élatères et les spores; bref, pour satisfaire pleinement, les figures devraient être fort nombreuses et très soignées. Ce serait une œuvre considérable allant bien au delà de nos modestes visées.

Dans l'étude des Hépatiques foliées, nous prenons comme distinction fondamentale, l'incombance ou la non incombance des feuilles. C'est, à notre avis, de tous les caractères le plus stable et celui qui sauvegarde le mieux l'intégrité des tribus et des genres, tout en laissant le moins de place aux incertitudes.

(1) Ajoutons-le, les caractères tirés des organes sexuels n'ont pas tous une égale stabilité. D'après MM. Limpricht et Corbière la différence d'inflorescence latérale ou terminale est parfois la conséquence du plus ou moins d'humidité de la station (*Revue bryologique*, 1904, p. 11). D'un autre côté, le Dr H. Bernet l'a vérifié, un certain nombre d'espèces sont dioïques dans les terrains marécageux et monoïques sur les terrains secs (*Catalogue des Hépatiques du Sud-Ouest de la Suisse*). Enfin M. Douin croit pouvoir conclure que les espèces dont l'établissement repose exclusivement sur l'inflorescence ne sont pas de bonnes espèces (*Revue bryologique*, 1901, p. 73). Cf. Boulay, p. XLIX.

Définissons ce caractère avec autant de précision que possible. C'est le mode d'imbrication des feuilles, la manière dont elles se recouvrent ou tendent à se recouvrir les unes les autres. Quand les feuilles, *vues par leur côté dorsal* (1), imitent les tuiles d'un toit, se recouvrent en descendant les unes sur les autres, elles sont dites *décombantes ;* si au contraire elles imitent les écailles d'une pomme de sapin dressée sur sa queue et se recouvrent en montant les unes sur les autres, alors on les dit *incombantes*.

Nous avons dit que ce caractère dépend de la manière dont les feuilles se recouvrent *ou tendent à se recouvrir*. Ces derniers mots demandent une explication : les feuilles sont parfois trop distantes pour pouvoir s'imbriquer les unes sur les autres, alors néanmoins leur mode d'insertion ou leur structure permet le plus souvent de se rendre compte de la façon dont elles se couvriraient, si elles étaient assez rapprochées pour pouvoir le faire. Trois cas peuvent se présenter :

Premier cas. — *Les feuilles sont insérées obliquement sur la tige.*

La face dorsale de l'hépatique est devant nous : supposons les feuilles imbriquées, elles n'ont que deux manières de l'être, elles le sont ou comme dans la figure A, décombantes ainsi que les tuiles d'un toit, ou, comme dans la figure B, incombantes comme les écailles d'une pomme de sapin. Admettons que les feuilles deviennent distantes comme en A′ et B′ ; l'obliquité de l'insertion restant la même qu'en A et B, si l'on rapproche les feuilles par la pensée, on voit qu'elles s'imbriqueraient encore de même, donc elles sont décombantes en A′ et incombantes en B′.

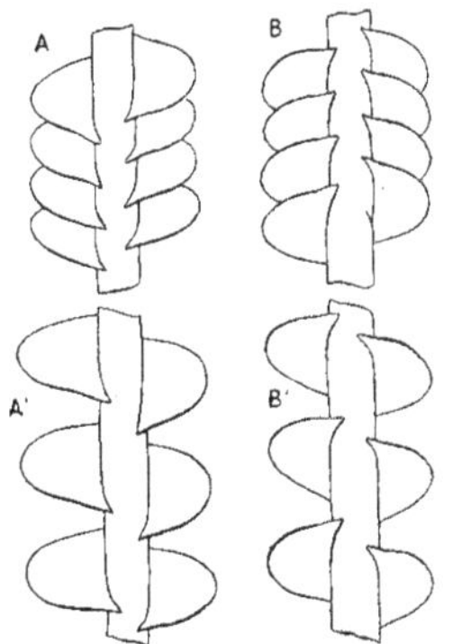

On peut le remarquer, les lignes d'insertion en tant qu'elles se correspondent de droite et de gauche sur la tige, rappellent les jambages d'un V quand les feuilles sont décombantes, et d'un A quand elles sont incombantes, on peut donc à ce signe reconnaître immédiatement leur caractère d'incombance ou de non incombance.

(1) Le coté dorsal de la tige et des feuilles est celui qui, dans l'attitude naturelle de la plante, fait face à la lumière du jour, le côté opposé ou ventral regarde soit le sol si la tige est rampante, soit l'ombre si la tige est plus ou moins dressée. Au reste la structure même des deux côtés de la tige permet de les distinguer l'un de l'autre : le côté ventral est très généralement le plus découvert, c'est lui qui porte les amphigastres et les radicelles, quand il y en a.

Deuxième cas. — *Les feuilles sont insérées transversalement et condupliquées.*

C'est le cas des feuilles de la tribu des Scapaniées (tableaux XXI-XXII). Au premier aspect il semble embarrassant, car si le petit lobe se montre incombant, le grand lobe est certainement décombant. En y regardant de plus près, on le constate clairement, les feuilles sont décombantes comme le grand lobe, car celui-ci est le seul qui présente le côté dorsal des feuilles ; le lobule n'est que la partie inférieure du limbe de la feuille se relevant et se repliant dos à dos sur le grand lobe et par suite ne nous montrant que sa face ventrale. La figure ci-jointe le fait voir facilement.

Troisième cas. — *Les feuilles sont insérées transversalement et non condupliquées.*

Supposons-les d'abord dressées le long de la tige, alors, si elles sont imbriquées, elles ne peuvent être qu'incombantes comme dans la figure C ; si au lieu d'être imbriquées, elles sont distantes les unes des autres comme en C′ ou en D, elles n'en seront pas moins incombantes, car, dressées qu'elles sont vers le sommet de la tige, en se rapprochant, elles se couvriraient de bas en haut.

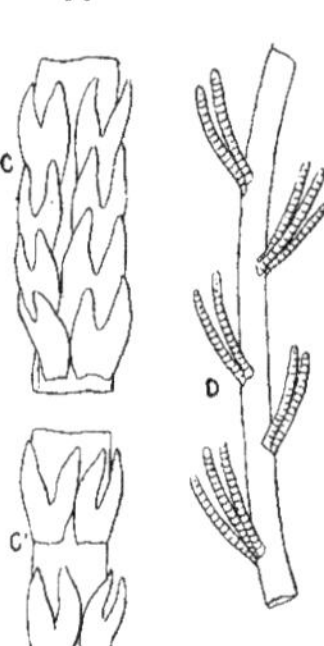

Au lieu de supposer les feuilles dressées dans le sens de la tige, admettons qu'elles soient plus ou moins déjetées, cambrées, renversées en arrière vers le bas de la tige comme le représente la figure E, alors elles deviennent décombantes, car elles descendent ou tendent à descendre, pour se recouvrir comme les tuiles d'un toit, les supérieures sur les inférieures.

Souvent les feuilles ne seront positivement ni dressées en haut, ni renversées en arrière, leur attitude restera indécise, intermédiaire ; de plus, l'incombance des feuilles est généralement plus accusée, plus facile à constater que leur décombance ; c'est pourquoi nous avons réparti les Hépatiques foliées, non en Hépatiques à feuilles incombantes et décombantes, mais en Hépatiques à feuilles incombantes et à feuilles non incombantes, de façon à rejeter dans cette seconde section à peu près tous les cas douteux, par exemple, les Marsupellées (tableau XXIII).

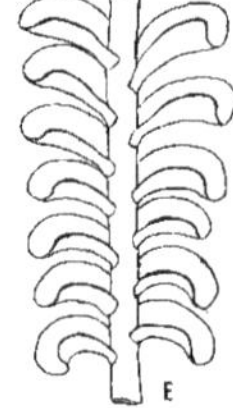

Terminons par une observation qu'il est bon d'avoir toujours présente à l'esprit dans cette question de l'incombance des feuilles, c'est que les mêmes feuilles qui, vues de leur côté dorsal se révèlent incombantes, apparaissent décombantes quand on les regarde du côté ventral et réciproquement. Il ne saurait en être autrement, comme on peut le voir dans les figures ci-dessous représentant une même partie de tige foliée vue successivement du côté dorsal et du côté ventral que signale la présence des amphigastres, petites feuilles supplémentaires.

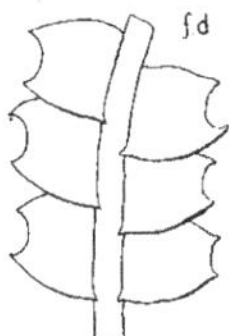

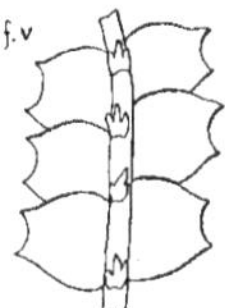

Avant de clore cette introduction, je tiens à témoigner ma vive gratitude à MM. J. d'Arbaumont, Boulay, L. Corbière, Douin, T. Husnot, Ch. Meylan, N. Orzeszko et F. Renauld, qui ont bien voulu m'encourager dans ce travail, m'y aider de leur critique éclairée et de leurs précieuses suggestions.

Puissent ces tableaux épargner, dans la plupart des cas, de longs tâtonnements aux débutants. Pour en tirer le meilleur parti, ils feront bien de collationner tout d'abord, d'un bout à l'autre, le texte avec les figures correspondantes. C'est le moyen le plus simple d'avoir une notion exacte du sens des mots techniques et de se faire quelque idée de l'aspect des différents groupes. Ils arriveront ainsi plus vite à goûter les charmes qu'offrent la recherche et l'étude de ces intéressantes petites plantes.

On ne se lasse pas d'admirer la variété et l'élégance de leur structure, la plasticité qui leur permet de se modifier suivant le milieu où elles végètent, en même temps que la constance avec laquelle chacune conserve son type en posant une limite à ses variations : plasticité et constance qui glorifient également notre commun Créateur et Seigneur.

Ch. L.

Dijon, 19, rue du Vieux-College.
Août 1905.

GRANDES DIVISIONS DE CET ATLAS

Les tableaux qui le composent forment trois séries :

La première, de I à II, donne les caractères des *tribus ;*

La seconde, de III à XI, les caractères des *genres ;*

La troisième, de XII à XXXIX, les caractères des *espèces* et leur figure.

Dans chacune de ces séries nous garderons l'ordre suivant : nous nous occuperons d'abord des *Hépatiques foliées,* c'est-à-dire ayant une tige et des feuilles distinctes; puis des *Hépatiques à thalle,* c'est-à-dire constituées par une expansion membraneuse plus ou moins étendue; enfin de certaines *Hépatiques de transition,* d'une structure intermédiaire.

Remarque. Les Hépatiques foliées, les seules qui puissent se confondre avec les Mousses, s'en distinguent :

1° *Par leur tige* qui présente deux faces, l'une dorsale qui regarde le ciel, l'autre ventrale qui est tournée vers la terre et porte les radicelles et les amphigastres quand il y en a.

2° *Par leurs feuilles* sans nervure et insérées d'une façon distique sur la tige, tandis que celles des Mousses sont habituellement nerviées et disposées tout autour de la tige.

3° *Par leur tissu* dont les cellules ont à peu près les mêmes dimensions en tous sens, alors que dans les Mousses les cellules sont ordinairement plus longues que larges.

4° *Par leur fructification :* de part et d'autre nous voyons une capsule renfermant les spores et portée au sommet d'un pédicelle, mais celui-ci dans les Hépatiques sort d'un périanthe, c'est-à-dire d'une sorte de gobelet diversement modifié. Dans les Mousses, la capsule est ferme, rigide, et s'ouvre par le détachement d'un opercule ou couvercle; tandis que dans les Hépatiques, molle et délicate, elle se fend en quatre valves régulières, opposées, deux à deux, en forme de croix.

On trouve les Hépatiques à peu près dans les mêmes stations que les Mousses et souvent mêlées à elles : sur les rochers, la terre et les troncs d'arbres ; dans les marécages et les tourbières ; certaines espèces se rencontrent même dans les eaux courantes. Néanmoins, prises dans leur ensemble, les Hépatiques recherchent des habitats plus frais que les Mousses et, d'autre part, évitent avec plus de soin un excès d'eau ; plus encore que les Mousses, elles fuient le voisinage de l'homme.

C'est en automne et au printemps que la plupart des Hépatiques se montrent dans les conditions les plus favorables. — Cf. M. Boulay, *Hépatiques,* p. LXIV et suivantes.

PREMIÈRE SERIE DE TABLEAUX

CARACTÈRES DES TRIBUS

TABLEAU I

RÉPARTITION DES HÉPATIQUES FOLIÉES EN TRIBUS

- Feuilles clairement incombantes. (Voir l'explication de ce mot aux pages 7-9.)
  - Feuilles non lobées,
    - planes, entières ou brièvement dentées en leur sommet. — **Cincinnulus** Dum. — Voir le tableau **III** pour les autres caractères du genre, et le tableau **XII** pour les espèces.
    - en cuillère. — Une ou deux hépatiques qui, malgré l'aspect incombant de leurs feuilles, appartiennent aux *Aploziées* du tableau suivant.
  - Feuilles 2-lobées (sauf en *Anthelia setiformis* où elles sont 4-lobées).
    - Lobes inégaux, condupliqués, le plus petit, ou lobule, est ventral.
      - Lobule formant une cavité. — **JUBULÉES** Dum. — Voir le tableau **III** pour les genres, et les tableaux **XII** et **XIII** pour les espèces.
      - Lobule étalé et rameaux étendus latéralement. — **PLATYPHYLLÉES** Husnot. — Voir le tableau **III** pour les genres, et le tableau **XIV** pour les espèces.
    - Lobes égaux et dressés le long de la tige.
      - Tige plus ou moins julacée et feuilles non en cuillère.
        - Feuilles entaillées jusqu'au 1/4 au plus. — **GYMNOMITRIÉES** Husnot. — Voir le tableau **IV** pour le genre, et le tableau **XV** pour les espèces.
        - Feuilles lobées jusqu'au 1/3 au moins. — **ANTHÉLIÉES** Dum. — Voir le tableau **IV** pour les genres, et le tableau **XV** pour les espèces.
      - Tige non julacée et feuilles en cuillère. — Quelques hépatiques dont les feuilles peuvent être dites incombantes, rejetées dans le tableau suivant parce qu'elles appartiennent à des tribus dont la majorité des espèces est à feuilles décombantes. — Voir les tableaux **VI** et **VII** pour les genres, et les tableaux **XXIII** et **XXV** pour les espèces.
  - Feuilles pluri-divisées; tige jamais julacée (1).
    - Division des feuilles allant jusqu'au 1/3 au plus. — **LÉPIDOZIÉES** Husnot. — Voir le tableau **IV** pour les genres, et le tableau **XVI** pour les espèces.
    - Division des feuilles allant jusqu'à la 1/2 au moins. — **PTILIDIÉES** Husnot. — Voir le tableau **IV** pour les genres, et le tableau **XVI** pour les espèces.
- Feuilles non incombantes. (Voir page suivante.)

(1) Julacé, c'est-à-dire rappelant une queue de chat, comme les chatons des peupliers, des saules, des coudriers, etc.

TABLEAU I

(*Suite et fin.*)

- Feuilles incombantes. (Voir la page précédente.)
- Feuilles non incombantes.
  - Feuilles entières, ni lobées, ni dentées. — **APLOZIÉES** Dum. — Voir le tableau **V** pour les genres, et les tableaux **XVII**, **XVIII** et **XIX** pour les espèces.
  - Feuilles non lobées, mais plus ou moins dentées (1). — **PLAGIOCHILÉES** Dum. — Voir le tableau **VI** pour les genres, et le tableau **XX** pour les espèces.
  - Feuilles caulinaires 2-lobées.
    - Lobes généralement inégaux, le plus petit, ou lobule, est dorsal. — **SCAPANIÉES** Dum. — Voir le tableau **VI** pour les genres, et les tableaux **XXI** et **XXII** pour les espèces.
    - Lobes égaux.
      - Plantes raides; feuilles plus ou moins en gouttière, sinus généralement en deçà du 1/3. — **MARSUPELLÉES** Dum. — Voir le tableau **VI** pour l'unique genre, et le tableau **XXIII** pour les espèces.
      - Plantes plus faibles; feuilles non en gouttière, sinus allant au delà du 1/3, sauf en *Cephal. Francisci*. — **CÉPHALOZIÉES** Dum. — Voir le tableau **VII** pour les genres, et les tableaux **XXIV** et **XXV** pour les espèces.
  - Feuilles caulinaires 2-3-5-lobées; quand elles sont 2-lobées le sinus ne va pas au delà du 1/3 et les feuilles ne sont pas en gouttière. — **LOPHOZIÉES** Dum. — Voir le tableau **VII** pour les genres, et les tableaux **XXVI**, **XXVII** et **XXVIII** pour les espèces.

(1) Strictement parlant les lobes sont des divisions du limbe de la feuille; les dents, les parties saillantes que présentent les bords de la feuille; mais souvent, dans les cas intermédiaires, ces deux mots sont pris l'un pour l'autre.

TABLEAU II

HÉPATIQUES A THALLE

LEUR RÉPARTITION EN TRIBUS

Face dorsale sans stomates ni cavités aériennes.	Thalle orbiculaire.	Thalle divisé en lobes et lobules. Capsule linéaire s'ouvrant en valves longitudinales.		**ANTHOCÉROTÉES** Auct.	Voir le tableau **VIII** pour le genre unique, et le tableau **XXXVIII** pour les espèces.
		Thalle petit, 5-8 millimètres, non divisé. Capsule globuleuse s'ouvrant en 4 valves.		**SPHÆROCARPÉES** Schiffn.	Voir le tableau **VIII** pour le genre unique, et le tableau **XXXV** pour l'espèce.
	Thalle allongé, plus ou moins rubanné.	Fructification sur la médiane ventrale ; capsule à peine pédicellée.		**METZGÉRIÉES** Schiffn.	Voir le tableau **VIII** pour les genres, et les tableaux **XXIX** et **XXX** pour les espèces.
		Fructification sur la médiane dorsale, vers le sommet ; capsule longuement pédicellée	Involucre (1) court, pas de périanthe.	**PELLIÉES** Auct.	Voir le tableau **VIII** pour les genres, et le tableau **XXXI** pour les espèces.
			Involucre assez long, denté, périanthe denticulé.	**LEPTOTHÉCÉES** Schiffn.	Voir le tableau **VIII** pour l'unique genre, et le tableau **XXX** pour les espèces
Face dorsale munie de stomates et de cavités aériennes (rares dans le *Dumortiera*).	Corbeilles à propagules sur la face dorsale.			**MARCHANTIÉES** Auct.	Voir le tableau **VIII** pour les genres, et le tableau **XXXII** pour les espèces.
	Pas de corbeilles à propagules.	Appareil fructifère stipité.	Capsule s'ouvrant par 4-8 valves irrégulières.	**FÉGATELLÉES** Auct.	Voir le tableau **IX** pour les genres, et les tableaux **XXXII** et **XXXIII** pour les espèces.
			Capsule s'ouvrant par une scission circulaire en deux valves.	**REBOULIÉES** Auct. = **Operculées**.	Voir le tableau **IX** pour les genres, et les tableaux **XXXIII** et **XXXIV** pour les espèces.
		Appareil fructifère non stipité,	sessile, mais non immergé dans le tissu du thalle.	**APODOZIÉES** Nobis.	Voir le tableau **X** pour les genres, et le tableau **XXXV** pour les espèces.
			immergé dans le tissu chlorophyllien.	**RICCIÉES** Auct.	Voir le tableau **X** pour les genres, et les tableaux **XXXVI** et **XXXVII** pour les espèces.

(1) On donne le nom d'involucre à la feuille ou à l'ensemble de feuilles qui enveloppe le périanthe ou la base du pédicelle de la capsule.

SECONDE SÉRIE DE TABLEAUX

CARACTÈRES DES GENRES

CARACTÈRES DES GENRES

TABLEAU III

Groupe	Lobule	Caractères	Genre	Espèces
		Genre isolé, unique à posséder des feuilles à la fois incombantes et entières, ou brièvement bidentées à leur sommet. Périgyne (1) sacciforme, velu, s'enfonçant dans le sol ; les valves de la capsule sont en spirale.	**Cincinnulus** Dum. = **Calypogeia** Spr.	Voir le tableau **XII** pour les espèces.
JUBULÉES Feuilles incombantes, inégalement 2-lobées, lobule formant une cavité.	Lobule distant de la tige.	Plante robuste, brune, avec lobe dorsal orbiculaire et entier. Périanthe trigone, capsule divisée jusque vers la base.	**Frullania** Radd.	Id.
		Plante délicate, verte ; lobe dorsal allongé et fortement denté. Périanthe comprimé, lisse en dessus, caréné en dessous.	**Jubula** Dum. = **Frull. Hutchinsiæ** Nees.	Id.
	Lobule en contact avec la tige comme le lobe.	Plante délicate, verte ; lobule vésiculeux ; amphigastres plus ou moins divisés. Périanthe anguleux avec crêtes.	**Lejeunea** Libert.	Voir le tableau **XIII** pour les espèces.
		Plante robuste, vert-plombé ; lobule étalé ; amphigastres entiers. Périanthe comprimé.	**Phragmicoma** Dum. = **Jung. Mackaii** Hook.	Id.
PLATYPHYLLÉES Feuilles incombantes, inégalement 2-lobées, lobule étalé.		Plante munie d'amphigastres. Périanthe renflé, bilabié ; valves libres jusqu'au 2/3.	**Madotheca** Dum.	Voir le tableau **XIV** pour les espèces.
		Plante sans amphigastres ; lobule tronqué. Périanthe comprimé s'évasant vers le sommet ; valves libres jusqu'à la base.	**Radula** Dum.	Id.

(1) On donne le nom de périgyne à une enveloppe particulière de ce qui est sorti de l'œuf : pédicelle, capsule, etc.

CARACTÈRES DES GENRES

TABLEAU IV

Tribu	Caractères	Genre	
ANTHÉLIÉES Feuilles incombantes, 2-lobées (sauf en *Anthelia setiformis* où 4-lobées), lobes égaux dressés le long de la tige julacée; feuilles lobées jusqu'au 1/3 au moins.	Feuilles étroitement imbriquées sur la tige. Périanthe soudé par la base à l'involucre.	**Anthelia** Dum. = **Jung. julacea** Lin.	Voir le tableau **XV** pour les espèces.
	Feuilles distantes et de plus en plus en allant vers la base. Périanthe libre, étroit.	**Hygrobiella** Spr. = **Jung. laxifolia** Hook.	Id.
GYMNOMITRIÉES Feuilles incombantes, 2 lobes égaux et dressés le long de la tige julacée; feuilles entaillées jusqu'au 1/4 au plus.	Les caractères de la tribu sont ceux du genre. Périanthe nul, remplacé par 2-3 folioles bilobées cachées dans l'involucre.	**Acolea** Dum. = **Gymnomitrium** Cord.	Id.
PTILIDIÉES Feuilles incombantes, pluri-divisées; tige non julacée; division des feuilles allant jusqu'à 1/2 au moins.	Tige de 40-100 millimètres; feuilles tomenteuses, 2-3-pennées, divisées en cils jusqu'à la base. Périanthe nul mais coiffe ciliée, hérissée de poils.	**Trichocolea** Dum.	Voir le tableau **XVI** pour les espèces.
	Tige de 30-50 millim.; feuilles frangées, divisées en cils jusqu'au milieu. Périanthe à section circulaire, glabre, rétréci à l'orifice.	**Ptilidium** Nees. = **Blepharozia** Dum.	Id.
	Tige de 10-30 millim.; feuilles divisées jusqu'à la base en 3-4 lanières sétiformes. Périanthe anguleux, rétréci et plissé à l'orifice.	**Blepharostoma** Dum. = **Jung. trichophylla** Lin.	Id.
LÉPIDOZIÉES Feuilles incombantes, pluri-divisées; tige non julacée; division des feuilles allant jusqu'au 1/3 au plus.	Amphigastres et feuilles divisés jusqu'au 1/3 en 3 ou 4 courtes lanières. Périanthe trigone, hyalin, plissé vers le sommet non lobé.	**Lepidozia** Dum.	Id
	Feuilles avec 3-4 dents larges, placées au sommet tronqué; amphigastres analogues; stolons plus ou moins nombreux. Périanthe trigone dès son milieu, trilobé à l'orifice.	**Mastigobryum** Nees. = **Pleuroschisma** Dum.	Id.

CARACTÈRES DES GENRES

TABLEAU V

APLOZIÉES

Feuilles non incombantes et entières, ni lobées, ni dentées.

- Feuilles à large base, rarement relevées dos à dos.
  - Feuilles oblongues.
    - Feuilles ovales, arrondies au sommet.
      - Amphigastres triangulaires et dentés. Périgyne sacciforme nu, valves non tordues. — **Saccogyna** Dum. — Voir le tableau **XVIII** pour les espèces.
      - Sans amphigastres.
        - Tige 3-10 mil., vert tendre ; cellules non épaissies aux angles. Périgyne saccif. de 6-7 mill., velu tout autour. Terrains siliceux. — **Calypogeia** Spr. — Id.
        - Tige de 5-25 mill., vert-brun ; cellules épaissies aux angles. Périanthe cylindrique, courbé, tronqué, avec apicule. — **Liochlæna** Nees. = **Jung. lanceolata** Lindb. — Id.
    - Feuilles carrées au sommet ; amphigastres bifides souvent rongés ; pl. vertes noircissant dans l'eau. Périanthe court avec trois lobes profonds et dentés. — **Chiloscyphus** Cord. — Id.
  - Feuilles suborbiculaires ; pas d'amphigastres.
    - Radicules hyalines et cuticule non papilleuse. Périanthe libre avec apicule cilié. — **Aplozia** Dum. — Voir le tableau **XVII** pour les espèces.
    - Radicules souvent colorées ; cuticule papilleuse. Périanthe soudé à l'involucre et plus ou moins masqué par lui. — **Mesophylla** Dum. = **Southbya** Spr. — Voir le tableau **XVIII** pour les espèces.
- Feuilles à base rétrécie, souvent relevées dos à dos.
  - Feuilles suborbiculaires ; cellules peu transparentes. Périanthe soudé à l'involucre et, en sa partie libre, divisé en plusieurs lobes ou grandes dents. — **Alicularia** Cord. — Voir le tableau **XIX** pour les espèces.
  - Feuilles orbiculaires ; cellules plus transparentes.
    - Marge distincte du reste de la feuille par ses cellules
      - beaucoup plus grandes ; feuilles décurrentes. Périanthe rétréci brusquement en apicule. — **Solenostoma** Steph. = **Jung. crenulata** Sm. — Id.
      - un peu plus grandes ; stolons radicants. Périanthe grand, trigone, cilié à l'orifice. — **Odontoschisma** Dum. = **Sphagnœcetis** Nees. — Id.
    - Pas de marge distincte par ses cellules ; toutes sont
      - uniformément grandes. Périanthe avec gros cils mous à l'orifice. — **Coleochila** Dum. = **Jung. Tayl. et anom.** Hook. — Id.
      - uniformément petites. Périanthe sans cils, mais avec des dents. — **Jamesoniella** Steph. = **Jung. autumnalis** DC. — Id.

CARACTÈRES DES GENRES

TABLEAU VI

Tribu			Genre	Espèces
PLAGIOCHILÉES Feuilles non incombantes et non lobées, mais plus ou moins dentées.	Plantes robustes ou moyennes.	Tige brune ; feuilles inférieures entières, les supérieures diversement terminées. Périanthe ovale, 3-5-gone, rétréci à l'orifice.	**Adelanthus** Mitt. = **Jung. decipiens** Hook.	Voir le tableau **XX** pour les espèces.
		Plante vert foncé ou jaunâtre ; feuilles longuement décurrentes et révolutées par le bord dorsal. Périanthe comprimé, lisse, tronqué, non rétréci.	**Plagiochila** Dum.	Id.
	Plante très petite, 2-3 millim. ; feuilles carrées-subarrondies, émarginées ou à deux dents. Périanthe plissé, crénelé à l'orifice.		**Dichiton** Mont.	Id.
SCAPANIÉES Feuilles non incombantes, 2-lobées, lobes plus ou moins inégaux, le lobule est dorsal.	Feuilles assez courtes, deux lobes ayant à peu près la même direction.	Lobes condupliqués avec carène et cachant souvent la tige. Périanthe très comprimé, sans plis ni rétrécissement.	**Scapania** Dum.	Voir le tableau **XXI** pour les espèces.
		Lobes en gouttière sans carène, cachant moins la tige. Périanthe plissé et rétréci.	**Sphenolobus** Lindb.	Voir le tableau **XXII** pour les espèces.
	Feuilles plus allongées, lobe et lobule se dirigeant l'un horizontalement, l'autre verticalement. Périanthe cylindrique.		**Diplophyllum** Dum.	Id.
MARSUPELLÉES Feuilles non incombantes (cependant en quelques espèces elles sont peu déjetées en arrière), en gouttière, 2-lobées, lobes égaux, sinus pas au delà du 1/3. Plantes raides.	Les caractères de la tribu sont ceux du genre. Le périanthe est plus ou moins inclus dans l'involucre et terminé en sa partie libre par 4-6 lobes.		**Marsupella** Dum.	Voir le tableau **XXIII** pour les espèces.

CARACTÈRES DES GENRES

TABLEAU VII

CÉPHALOZIÉES

Feuilles non incombantes (sauf peut-être celles en cuillère de quelques *Cephaloziella*), non en gouttière, 2-lobées, lobes égaux, sinus au delà du 1/3 (sauf *Ceph. Francisci*).

- Plantes assez grêles; feuilles notablement plus larges que la tige.
  - Feuilles gonflées
    - en outre, lobes prolongés en longue pointe. Périanthe plissé, tronqué, cilié à l'orifice. — **Nowellia** Mitt. = **Jung. curvifolia** Dicks. — Voir le tableau **XXIV** pour les espèces.
    - en demi-sphère, lobes courts. Périanthe plissé seulement en haut, lobulé à l'orifice. — **Pleuroclada** Spr. = **Jung. albescens** Hook. — Id.
  - Feuilles non gonflées et insérées obliquement. Périanthe 3-gone plus ou moins plissé, denté ou cilié à l'orifice. — **Eucephalozia** Spr. — Id.
- Plantes très grêles; feuilles ne dépassant que peu ou pas l'épaisseur de la tige.
  - Feuilles à bords entiers, insertion transversale. Périanthe étroit et scarieux vers son sommet. — **Cephaloziella** Spr. — Voir le tableau **XXV** pour les espèces.
  - Feuilles à bords dentés et sinus arrondi entre les dents. Périante plissé, cilié à l'orifice. — **Prionolobus** Schiffn. = **Jung. Turneri** Hook. — Id.

LOPHOZIÉES

Feuilles non incombantes, 2-3-5-lobées; quand elles sont bilobées le sinus ne va pas au delà du 1/3 et les feuilles ne sont pas en gouttière.

- Feuilles 2-lobées, insérées presque verticalement, plus ou moins étalées.
  - Amphigastres étroits et
    - bilobés, fort visibles. Périanthe 3-gone, trilobé, denté ou cilié. — **Lophocolea** Dum. — Voir le tableau **XXVI** pour les espèces.
    - bifides, cachés par les radicules. Périanthe remplacé par un périgyne sacciforme velu à son attache. — **Geocalyx** Nees. — Id.
  - Amphigastres larges, triangulaires et entiers, au moins dans la partie moyenne de la tige. Périanthe cylindrique. — **Harpanthus** Nees. — Id.
- Feuilles insérées obliquement, plus ou moins ondulées, 2-3-5-lobées. Périanthe subcylindrique, cilié à l'orifice. — **Lophozia** Dum. — Voir tableaux **XXVII** et **XXVIII** pour les espèces.

CARACTÈRES DES GENRES

TABLEAU VIII

Tribu	Caractères	Genre	Renvoi
ANTHOCÉROTÉES Thalle orbiculaire. Capsule linéaire.	Les caractères de la tribu (tableau **II**) sont ceux de l'unique genre.	**Anthoceros** Lin.	Voir tabl. **XXXVIII** pour les espèces
SPHÆROCARPÉES Thalle orbiculaire. Capsule globuleuse.	Les caractères de la tribu (tableau **II**) sont ceux de l'unique genre.	**Sphærocarpus** Mich.	Voir le tableau **XXXV** pour l'unique espèce.
METZGÉRIÉES Thalle rubanné. Fructification presque sessile.	Côte ou nervure médiane bien distincte d'une aile bilatérale. Fructification sur la nervure médiane.	**Metzgeria** Radd.	Voir le tableau **XXX** pour les espèces.
	Nervure et ailes moins distinctes. Fructification sur les bords du thalle.	**Aneura** Dum.	Voir le tableau **XXIX** pour les espèces.
PELLIÉES Thalle allongé. Capsule pédicellée; involucre court.	Fronde charnue, ondulée sur les bords, irrégulièrement ramifiée.	**Pellia** Radd.	Voir le tableau **XXXI** pour les espèces.
	Fronde mince, en rosette divisée sur son contour en lobes arrondis, multipliés, avec réceptacle de propagules lagéniformes.	**Blasia** Lin.	Id.
LEPTOTHÉCÉES Thalle allongé. Capsule pédicellée; involucre assez long.	Les caractères de la tribu (tableau **II**) sont ceux de l'unique genre.	**Dilæna** Dum.	Voir le tableau **XXX** pour les espèces.
MARCHANTIÉES Thalle avec corbeilles à propagules.	Capsules semi-circulaires; plante vert clair; stomates fort petits.	**Lunularia** Mich.	Voir le tableau **XXXII** pour l'unique espèce.
	Capsules circulaires; plante vert foncé; stomates fort distincts au centre de losanges.	**Marchantia** Lin.	Id.

CARACTÈRES DES GENRES

TABLEAU IX

FÉGATELLÉES

Thalle sans corbeilles. Fructification stipitée; capsule à 4-8 valves.

- Thalle de grande dimension, de 8-10 cent. de long sur 10-12 mil. de large.
  - Surface divisée en losanges; réceptacle conique, obtus, abritant de 5-8 involucres; appareil mâle sessile. — **Fegatella** Radd. — Voir tableau **XXXII** pour l'unique espèce.
  - Réceptacle discoïde à 8-10 rayons velus en dessous; appareil mâle brièvement stipité. — **Dumortiera** Reinw. — Id.
- Thalle de moyenne dimension, 20-40 mil. de long, pourpre sur les bords et en dessous; réceptacle hémisphérique. — **Preissia** Cord. — Voir tableau **XXXIII** pour l'unique espèce.
- Fronde délicate, petite, de 8-15 millim. de long sur 3-5 millim. de large; réceptacle fort petit, profondément divisé en fleurettes. — **Sauteria** Nees. — Id.

REBOULIÉES

= **Operculées** de Schiffner.

Thalle sans corbeilles. Fructification stipitée; capsule à 2 valves.

- Conceptacle non tuberculeux.
  - Conceptacle et capsule s'ouvrant par en bas; conceptacle muni de longs poils blancs descendant le long du pédicelle. — **Reboulia** Radd. — Id.
  - Conceptacle et capsule s'ouvrant par en haut; conceptacle garni à sa base d'une collerette de longues écailles pourpres. — **Plagiochasma** L. et L. — Id.
- Conceptacle tuberculeux
  - en son sommet mamelonné et obtus.
    - Un pseudo-périanthe dépassant la capsule et divisé en lanières conniventes. — **Fimbriaria** Nees. — Voir tableau **XXXIV** pour les espèces.
    - Pas de pseudo-périanthe; grands stomates. — **Grimaldia** Radd. — Id.
  - en toute sa surface globuleuse, sauf en dessous. Conceptacle d'ailleurs fort petit. — **Neesiella** Schiffn. — Id.

CARACTÈRES DES GENRES

TABLEAU X

APODOZIÉES Thalle sans corbeilles. Fructification sessile.	Appareil fructifère placé sous la face inférieure et pourpre-noir.		**Targionia** Lin.	Voir tableau **XXXV** pour l'unique espèce.
	Appareil fructifère sur la face supérieure.	Involucres en collerette, laciniés, plus ou moins épars.	**Corsinia** Radd.	Id.
		Involucres coniques enveloppants, placés sur deux rangs.	**Tessellina** Dum.	Id.
RICCIÉES Thalle sans corbeilles. Fructification immergée.	Thalle émettant en dessous de longues lanières avec dents de scie et sommet acuminé; dents teintées de violet clair.		**Ricciocarpus** Cord.	Voir tableau **XXXVI** pour l'unique espèce.
	Thalle sans lanières semblables.	Plante flottant sur les eaux tranquilles ou végétant sur la terre très humide; thalle spongieux, muni de grandes cavités aériennes.	**Ricciella** Bisch.	Id.
		Plante vivant sur la terre simplement fraîche; sur les flancs on rencontre des écailles membraneuses et souvent des cils.	**Euriccia** Lindb.	Voir tableau **XXXVII** pour les espèces.

TABLEAU XI

HÉPATIQUES DE TRANSITION	intermédiaires entre les hépatiques à feuilles et les hépatiques à thalle.	Plante étalée sur le sol avec des feuilles confluentes et des radicules pourpres. Périanthe campanulé et sessile.	**Fossombronia** Radd.	Voir tableau **XXXIX** pour les espèces.
		Plante aquatique, molle, dressée, formée d'une tige ou nervure portant une aile membraneuse diversement ondulée ou lobée, avec capsule au sommet.	**Riella** Mont.	Id.
	intermédiaires entre les hépatiques et les plantes phanérogames dont elles semblent avoir la tige et les feuilles, mais elles fructifient en capsule s'ouvrant en 2 ou 4 valves.		**Haplomitrium** Nees.	Id.

TROISIÈME SÉRIE DE TABLEAUX

CARACTÈRES DES ESPÈCES

ET LEUR CROQUIS

CARACTÈRES DES ESPÈCES FOLIÉES

TABLEAU XII

Cincinnulus Dum.
(Voir les caractères du genre au tableau III.)

- Plante vert foncé obscur.
  Feuilles arrondies ou rétuses, ou ayant 2 fines dents au sommet ; amphigastre orbiculaire, bilobé.
  Sur la terre argilo-sableuse, bois et tourbières.
  — ***C. Trichomanis*** Dum.

- Plante vert pâle.
  Feuilles largement bidentées à leur sommet, avec sinus arrondi, peu profond ; amphigastre étroit, bifide, à lobes divergents.
  Surtout dans le Midi de la France.
  — ***C. argutus*** Dum.

Frullania Radd.
(Voir le tableau III pour les caractères du genre.)

- Lobule en capuchon plus ou moins ouvert.
  - Amphigastre moyen, obové, bilobé.
    Sur les troncs d'arbres, plus rarement sur les pierres.
    — ***F. dilatata*** Dum.

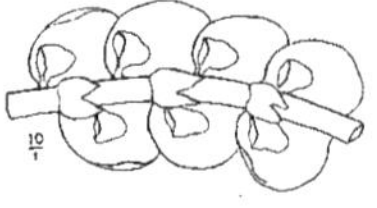

  - Amphigastre très grand, entier, plus large que long, réniforme.
    Rochers siliceux, humides, dans les Alpes.
    — ***F. Jackii*** Gottsch.

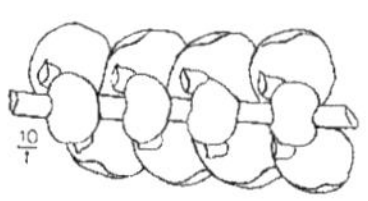

- Lobule en sac peu ou point ouvert.
  (Voir la page suivante.)

CARACTÈRES DES ESPÈCES FOLIÉES

TABLEAU XII

(Suite et fin.)

Frullania Radd. *(Suite.)*

- Lobule en capuchon plus ou moins ouvert.
  (Voir la page précédente.)
- Lobule en sac peu ou point ouvert, plus ou moins cylindrique.
  - Plante n'adhérant à son support que par la base de sa tige; amphigastre révoluté; lobe dorsal apiculé; aspect fort luisant.
    Troncs d'arbres, pierres et rochers. — ***F. Tamarisci*** Dum.
  - Plante étroitement appliquée à son support; lobe dorsal non apiculé; amphigastre à bords plans et profondément bilobés.
    Rochers, plus rarement sur les arbres. — ***F. fragilifolia*** Tayl.

Jubula Dum.

Les caractères du genre (tableau III) sont ceux de l'espèce.
Finistère, sur des rochers très humides. — ***J. Hutchinsiæ*** Dum.

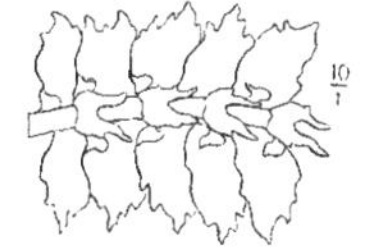

CARACTÈRES DES ESPÈCES FOLIÉES

TABLEAU XIII

Lejeunea Lib.
(Voir les caractères du genre au tableau III).

- Plantes n'ayant pas d'amphigastres.
  - Cellules papilleuses ; lobule paraissant denté, ayant 1/2 ou au plus les 2/3 du lobe.
    - Feuilles en gouttière gibbeuse, pointe du lobe courbée en arrière ; un petit stylet au bas du lobule dont le bord supérieur est entier. Sur les mousses. — ***L. calcarea*** Lib.

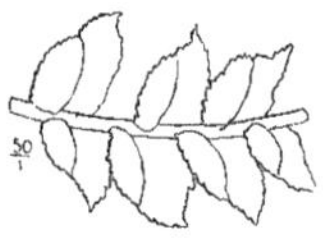

    - Feuilles en gouttière non gibbeuse mais droite, pointe du lobe non courbée ; pas de stylet ; bord supérieur du lobule denté. Troncs et rochers. — ***L. Rossettiana*** Mass.

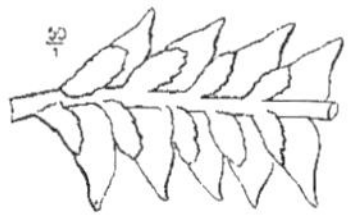

  - Feuilles ressemblant à des vésicules, lobule sans apparence de dents ; cellules des lobes bombées mais non papilleuses. — ***L. minutissima*** Spr.

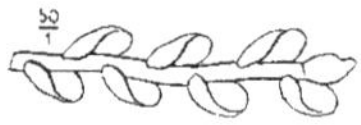

- Plantes ayant des amphigastres.
  (Voir la page suivante.)
- Plante ayant des amphigastres doubles.
  (Voir également la même page.)

TABLEAU XIII

(Suite et fin.)

Lejeunea Lib. *(Suite.)*

Plantes n'ayant pas d'amphigastres.
(Voir la page précédente.)

Plantes ayant des amphigastres.

Amphigastres à sinus étroit et lobes rapprochés.

Tige relativement robuste ; amphigastre débordant la tige.

Feuilles imbriquées; amphigastre suborbiculaire, 2-lobé à sinus aigu. — ***L. serpillifolia*** Lib.

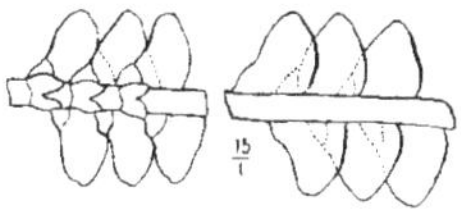

15/1

Plante plus grêle; feuilles souvent espacées; amphigastre trapézoïde à 2 lobes divergents. — ***L. ovata*** Tayl.

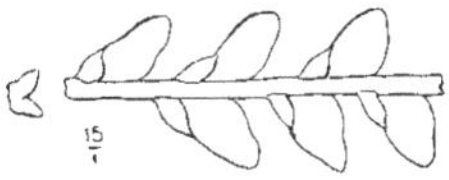

15/1

Tige très petite, 5-8 millim.; feuilles distantes ; amphigastre égalant à peine la tige en largeur.
Sur vieilles écorces et parois des rochers siliceux. — ***L. ulicina*** G. L. N.

50/1

Amphigastres à sinus élargi, lobes divergents ; sommet des feuilles recourbé en croc.
Mêmes stations que *L. ulicina*. — ***L. hamatifolia*** Dum.

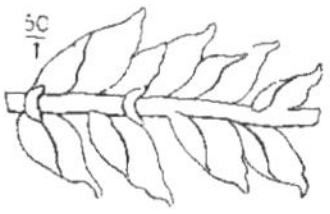

50/1

Plante ayant des amphigastres doubles, c'est-à-dire un pour chaque feuille ; celle-ci rétrécie à sa base, renflée au milieu, se termine par un tube arqué.
Sur les tiges de houx, de bruyère, de fougère et de Muscinées. — ***L. calyptrifolia*** Dum.

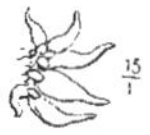

15/1

Phragmicoma Dum.

Les caractères du genre (voir tableau **III**) sont ceux de l'espèce.

Parois inclinées et humides des rochers, quelquefois sur les troncs d'arbres. — ***P. Mackaii*** Dum.

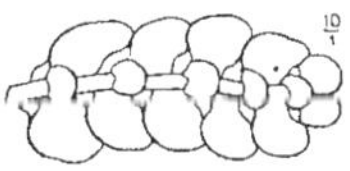

10/1

CARACTÈRES DES ESPÈCES FOLIÉES

TABLEAU XIV

Madotheca Dum.
(Voir les caractères du genre au tableau III.)

- Plantes de couleur brune-plombée ; lobes et amphigastres plus ou moins dentés.
  - Feuilles luisantes ; contour des lobes et de l'amphigastre en général fortement denté et spinuleux.
    Sur les vieilles souches et les rochers. — ***M. lævigata*** Dum. 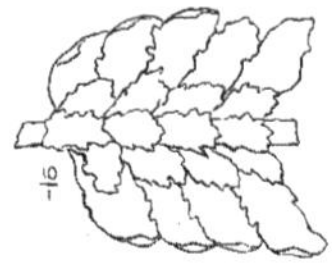
  - Contour des lobes peu ou point denté.
    - Amphigastre denticulé.
      Sur les rochers siliceux. — ***M. obscura*** Nees. 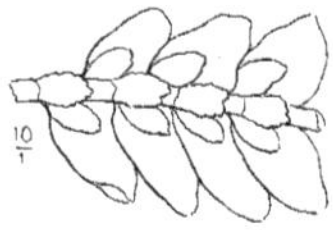
    - Amphigastre entier.
      Sur les troncs, pierres et vieux murs. — ***M. Thuya*** Dum. 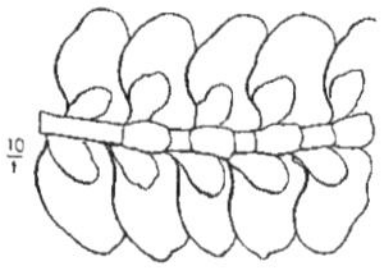
- Plantes de couleur verte ; amphigastres entiers ou peu s'en faut.
  (Voir la page suivante.)
- Plante vert-noirâtre foncé ; amphigastres ligulés.
  (Voir également la même page.)

TABLEAU XIV

(Suite et fin.)

Madotheca Dum. *(Suite.)*

- Plantes de couleur brune-plombée ; lobes et amphigastres plus ou moins dentés. (Voir la page précédente.)
- Plantes de couleur verte ; amphigastres entiers ou peu s'en faut.
  - Lobe, lobule et amphigastres ovales.
    - Lobule légèrement révoluté. Troncs d'arbres et rochers. — ***M. platyphylla*** Dum.
    - Lobule tordu obliquement. Au pied des rochers et des arbres de la zone subalpine. — ***M. rivularis*** Nees.

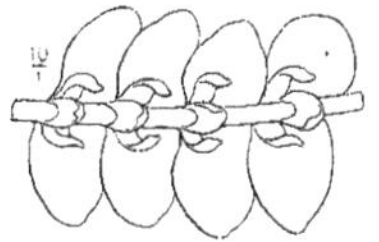

  - Lobe, lobule et amphigastres suborbiculaires. Sur les troncs d'arbres. — ***M. platyphylloidea*** Dum.
- Plante vert-noirâtre foncé ; rameaux très divergents ; amphigastres ligulés. Au bord des rivières, sur les rochers et troncs d'arbres. — ***M. Porella*** Nees.

Radula Dum.

Les caractères du genre (voir tableau **III**) sont ceux de l'espèce. Sur les troncs d'arbres, plus rarement sur les rochers. — ***R. complanata*** Dum.

TABLEAU XV

Anthelia Dum.
(Voir les caractères du genre au tableau IV.)

- Feuilles bifides, plus longues que larges.
  - Tige moyenne, de 5 à 15 millim.; cellules petites et opaques en leur centre.
    Sur les rochers de la région alpine.
    — ***A. julacea*** Dum.

  - Tige plus courte, 3-8 millim.
    Feuilles divisées presque jusqu'à la base; cellules plus grandes et moins opaques.
    Mêmes stations et plus commune en France.
    — ***A. nivalis*** Lindb.

- Feuilles 4-lobées, lobes aigus avec dents en crocs, et plus ou moins crépus; feuilles aussi larges que longues.
  Dans les montagnes, sur les blocs au milieu des mousses et lichens.
  — ***A. setiformis*** Dum. = **Jung. setiformis** Ehrh.

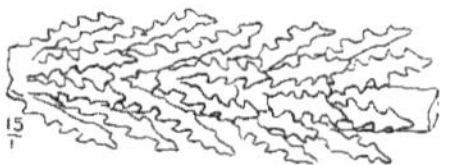

Hygrobiella Spr.

Les caractères du genre (voir tableau **IV**) sont ceux de l'espèce.
Sur les rochers et pierres très humides.
— ***H. laxitolia*** Spr.

TABLEAU XV

(*Suite et fin.*)

Acolea Dum.
(Voir les caractères du genre au tableau IV.)

- Tiges et innovations claviformes.
  - Tige de 15 à 20 millimètres ; feuilles gris-glaucescent, bilobées, sinus en deçà du 1/4 ; parois des cellules épaisses.
    Parois et fissures des rochers siliceux de la région alpine. — ***A. concinnata*** Dum. — $\frac{10}{1}$
  - Tige de 2-5 millim. ; feuilles brun-châtaigne, bilobées, sinus au delà du 1/4 ; angles des cellules épaissis.
    Mêmes stations. — ***A. varians*** Steph. = **Sarcoscyph. confertus** Limpr. — $\frac{10}{1}$
- Tiges et innovations en rubans nattés, couleur plombée-noirâtre ; feuilles bilobées, puis corrodées au sommet.
  Mêmes stations. — ***A. corallioides*** Dum. — $\frac{10}{1}$

TABLEAU XVI

Trichocolea Dum.

Les caractères du genre (voir tableau **IV**) sont ceux de l'espèce.
Marécages et bords des ruisseaux, terrains siliceux des montagnes.

T. tomentella Dum.

Ptilidium Nees.

Les caractères du genre (voir tableau **IV**) sont ceux de l'espèce.
Sur la terre, les rochers et les troncs pourris dans la zone silvatique.

P. ciliare Nees.

Blepharostoma Dum.

(Voir les caractères du genre au tableau IV.)

Les feuilles se composent de 3-4 lobes linéaires, formés d'une seule série de cellules.
Bois pourris, pierres, au milieu des mousses de la région silvatique.

B. trichophyllum Dum.
= **Jung. trichophylla** Lin.

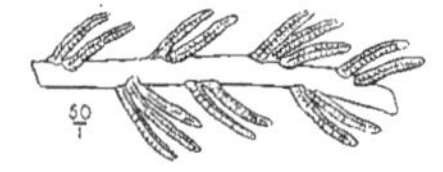

Les feuilles sont réduites à 2-3 lobes linéaires ou lancéolés, formés d'une double série de cellules.
Dans les tourbières, plus rarement dans les creux des rochers siliceux.

B. setaceum Dum.
= **Jung. setacea** Web.

CARACTÈRES DES ESPÈCES FOLIÉES

TABLEAU XVI

(Suite et fin.)

Lepidozia Dum.

(Voir les caractères du genre au tableau IV.)

Tige verte, douce, rampante ; feuilles 2-4-lobées, les lobes recourbés en dessous.
Vieilles souches et rochers.

L. reptans Dum.

Tige blanchâtre, ferme, dressée ; feuilles étroitement imbriquées, avec 4 lobes dressés sur leur sommet.
Sur la terre et dans le creux des rochers.

L. tumidula Tayl.
= **L. pinnata** Dum.

Mastigobryum Nees.

(Voir les caractères du genre au tableau IV.)

Tige de 6-10 cent., robuste, plusieurs fois bifurquée ; sommet des feuilles et des amphigastres 3-4-denté.
Sur la terre et les rochers siliceux.

M. trilobatum Nees.

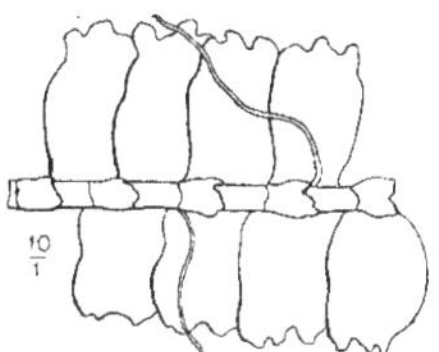

Tige plus grêle, moins ramifiée ; feuilles plus petites.

Tige de 5-8 cent. ; touffes jaunâtres ; sommet des feuilles souvent replié en dessous ; amphigastres 2-lobés ou crénelés.
Mêmes stations, plus rare.

M. tricrenatum Nees.

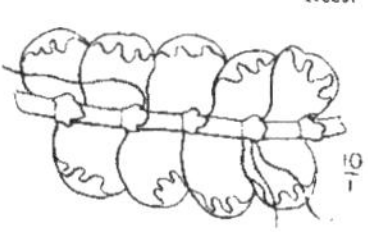

Tige de 1-5 cent. ; touffes brunes-noirâtres ; feuilles moins repliées ; amphigastres suborbiculaires.
Mêmes stations.

M. implexum Nees.

TABLEAU XVII

Aplozia Dum.

(Voir les caractères du genre au tableau V.)

- Plantes de taille moyenne, au-dessus de 25 mill.; feuilles cachant en partie la tige et par suite paraissant incombantes; couleur générale vert foncé.
  - Tige de 40-80 mill., dans l'eau courante; feuilles étroites à leur insertion, puis brusquement dilatées, décroissantes du sommet de la tige en bas; cellules grandes, anguleuses.
    Sur les pierres inondées. — ***A. cordifolia*** Dum.

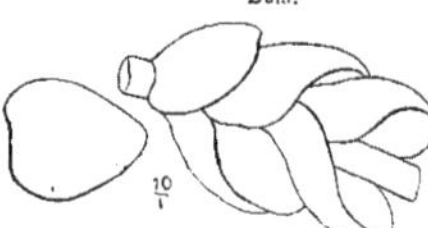

  - Tige de 25-35 mill.; feuilles enveloppant la tige et s'étalant en entonnoir.
    Parois humides des rochers. — ***A. amplexicaulis*** Dum. = **Jung. tersa** Nees.

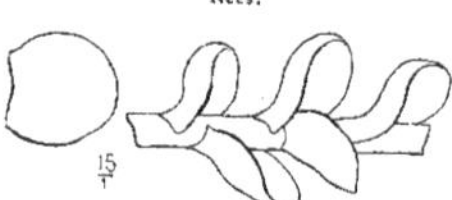

- Plantes plus petites, de 10 a 25 millim.; feuilles n'embrassant la tige qu'à leur point d'insertion et ne la cachant pas.
  - Plante vert pâle; tige molle, stolonifère; feuilles arrondies, ovales, touffues, décurrentes.
    En sol calcaire. — ***A. riparia*** Dum.

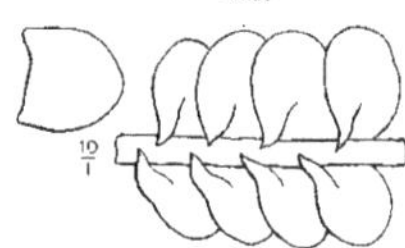

  - Plante vert foncé; tige dressée; feuilles orbiculaires, un peu distantes les unes des autres; cellules anguleuses.
    En terrain siliceux. — ***A. sphærocarpa*** Dum.

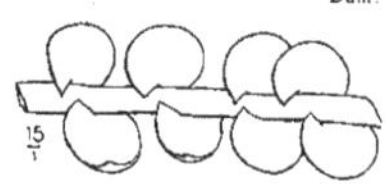

- Plantes fort petites, de moins de 10 millimètres.
  (Voir la page suivante.)

CARACTÈRES DES ESPÈCES FOLIÉES

TABLEAU XVII

(*Suite et fin.*)

Aplozia Dum. (*Suite.*)

- Plantes de taille au moins moyenne, au-dessus de 25 millim.
  (Voir à la page précédente.)
- Plantes plus petites, de 10 à 25 millim.
  (Voir également la même page.)
- Plantes fort petites, ayant ordinairement moins de 10 millim.
  - Feuilles ovales ou suborbiculaires. Plantes parentes de l'*Aplozia riparia*.
    - Cellules de la base des feuilles allongées, 2-4 fois aussi longues que larges. Plante vert foncé, allant au brun; tige de 4-6 millim., rampante avec tête relevée; feuille embrassant la tige par sa base. En terrain siliceux. — ***A. pumila*** Dum.
    - Cellules toutes subhexagonales.
      - Plante vert-brunâtre; tige de 3-6 mill., stolonifère; feuilles ovales; radicules courtes et d'un blanc sale. En sol calcaire. — ***A. atrovirens*** Dum.

      - Plante vert clair; tige de 2-4 millim.; feuilles orbiculaires; radicules longues et hyalines. Bords des sentiers des bois. — ***A. cæspititia*** Dum.

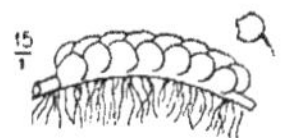

  - Feuilles suborbiculaires, plus larges en travers. Plantes voisines de l'*Aplozia sphærocarpa*.
    - Tige de 8-10 mill., dressée, couleur ferrugineuse; feuilles orbiculaires et imbriquées. Périanthe très réduit; caps. de même. Sur les rochers secs d'une grande altitude. — ***A. Goulardi*** Husnot.

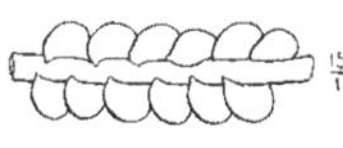

    - Tige de 4-8 mill., déprimée, couleur verte; feuilles plus larges que longues; cellules marginales plus grandes; angles des cellules épaissis. Dans les terrains calcaires, l'*Aplozia nana* présente quelquefois deux lobes aigus, c'est la variété — ***A. nana*** Nees. — ***minor*** Nees.

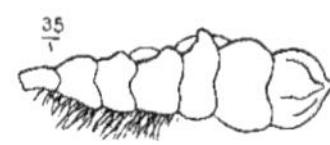

CARACTÈRES DES ESPÈCES FOLIÉES

TABLEAU XVIII

Saccogyna Dum.

Les caractères du genre (voir tableau **V**) sont ceux de l'espèce.
Talus et bords des chemins creux, rochers ombragés.

S. viticulosa Dum.

Calypogeia Spr.

Les caractères du genre (voir tableau **V**) sont ceux de l'espèce.
Terre argilo-siliceuse, graviers du diluvium, dans les ravins frais.

C. ericetorum Spr.

Liochlæna Nees.

Les caractères du genre (voir tableau **V**) sont ceux de l'espèce.
Terrains siliceux, régions silvatiques.

L. lanceolata Nees.

Chiloscyphus Cord.

Les caractères du genre (voir tableau **V**) sont ceux de l'espèce.
Bords des rigoles dans les prairies marécageuses, sur les pierres dans les ruisseaux, quelquefois au milieu des conferves.

C. polyanthus Cord.

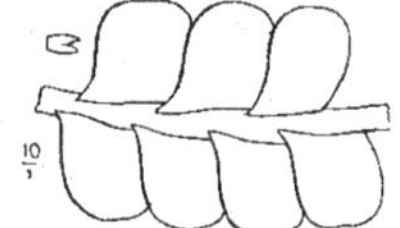

TABLEAU XVIII

(*Suite et fin.*)

Mesophylla Dum.

(Voir les caractères du genre au tableau V.)

- Radicules plus ou moins colorées en rouge ou ses dérivés.
  - Tige de 5-10 mill.; plante vert glauque comme glacée, garnie de radicules rougeâtres ; feuilles subverticales, concaves, incurvées, décurrentes. — ***M. hyalina*** Corb. (15/1)
  - Tige de 15-30 mill., vert foncé, garnie de radicules pourpres ; feuilles concaves à leur base, puis renversées, aplanies par le sommet ; angles des cellules épaissis. Sol siliceux. — ***M. obovata*** Corb. (15/1)
  - Tige de 1-3 mill., brun foncé ; radicules devenant brunes ; feuilles imbriquées. Sur les parois verticales des calcaires humides. — ***M. nigrella*** DN. (15/1)
- Longues radicules hyalines fixant à son support une tige de 3-10 mill., couchée, rampante. Feuilles insérées transversalement, non décurrentes, imbriquées ; cuticule très papilleuse. Sur le calcaire suintant d'eau, en formation de tuf. — ***M. stillicidiorum*** DN. (15/1)

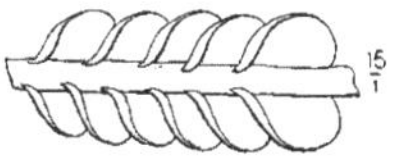

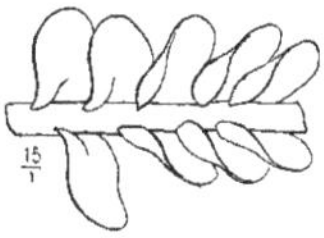

Alicularia Cord.

(Voir pour les caractères du genre le tableau V.)

Plantes plutôt petites, garnies de radicules hyalines.

Tige de 5-15 mill., redressée par la tête ; plante passant du vert frais au brun ; amphigastres nombreux, lancéolés ; larges grains oléifères dans les cellules.
Talus et bords des sentiers en terrains siliceux.

A. scalaris Cord.

Tige de 4-6 mill. ; plante rouge-brun ; feuilles concaves, légèrement marginées ; gazonnement dense.
Escarpements des rochers, bruyères.

A. minor Limp.

Tige beaucoup plus robuste, 40-80 mill. ; pas de radicules. Plante aquatique, longuement dénudée à la base ; feuilles dilatées en travers, redressées verticalement, donnant à la plante un aspect comprimé.
Sur les pierres dans les ruisseaux, en sol siliceux.

A. compressa G. L. N.

Solenostoma Steph.

Les caractères du genre (tableau **V**) sont ceux de l'espèce.
Talus des fossés sur les terrains argilo-sablonneux, dans les bois et les clairières.

S. crenulata Steph.

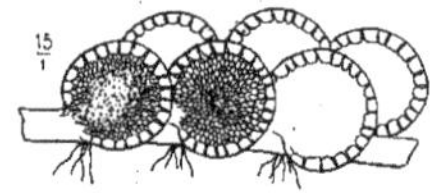

TABLEAU XIX
(Suite et fin.)

Odontoschisma Dum.
(Voir pour les caractères du genre le tableau V.)

Tige de 20-40 mill.; stolons espacés; feuilles souvent relevées dos à dos, toutes de même dimension; cellules marginales plus larges; parois épaissies surtout aux angles des cellules.
Dans les tourbières, au milieu des mousses et des sphaignes.

O. Sphagni Dum.

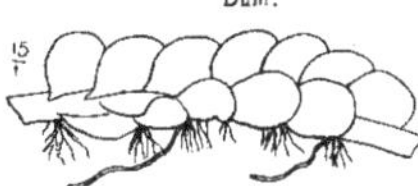

Tige de 10-15 mill.; stolons plus rares; feuilles moins souvent relevées, devenant plus petites vers la tête et vers la base dénudée; texture plus fine.
Sur la terre sablonneuse humide des bois élevés.

O. denudatum Dum.

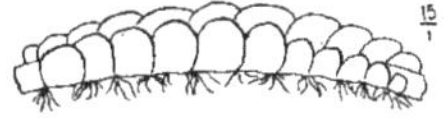

Coleochila Dum.
(Voir pour les caractères du genre le tableau V.)

Tige de 20-60 mill.; cuticule papilleuse surtout vers la marge; cellules grandes, remplies de chlorophylle et épaissies aux angles.
Sur les parois humides des rochers siliceux, les troncs pourris dans les marais.

C. Taylori Dum.

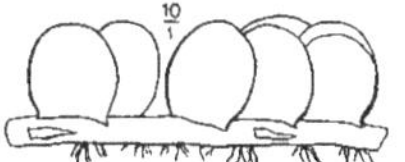

Tige de 30-90 mill.; feuilles supérieures souvent ligulées; cuticule lisse; cellules presque translucides, avec parois plus minces.
Dans les tourbières, au milieu des sphaignes.

C. anomala Dum.

Jamesoniella Steph.

Les caractères du genre (tableau V) sont ceux de l'espèce.
Dans les terrains siliceux, sur les troncs pourris ou au milieu des mousses, sur les sphaignes de tourbières.

J. autumnalis Steph. DC.
= **Jung. Schraderi** Mart.

CARACTÈRES DES ESPÈCES FOLIÉES

TABLEAU XX

Adelanthus Mitt.

Les caractères du genre (tableau **VI**) sont ceux de l'espèce.
Dans le Finistère, sur l'humus, entre les blocs de quartzite.

A. decipiens Mitt.

Plagiochila Dum.

(Voir les caractères du genre au tableau VI.)

- Feuilles dentées et fortement décurrentes par le bord dorsal.
  - Dents fines et nombreuses.
    Dans les lieux frais des forêts.
    Variété *major*, de 8-10 centim.; feuilles assez planes.
    Var. *minor*, de 15-25 mill.; feuilles à bords réfléchis.
    Var. *humilis*, de 10-15 mill.; feuilles à bords plus réfléchis et entiers.

    P. asplenioides Dum.

  - Dents peu nombreuses, de 3-6, mais larges et plus ou moins acuminées.
    Troncs et rochers siliceux.
    Il existe une variété très grêle, à feuilles espacées, c'est la variété *tridenticulata* Hook.

    P. spinulosa Dum.

- Feuilles peu ou point dentées (s'il y a des dents, elles sont rares et petites), peu décurrentes.
  Sur la terre et les rochers calcaires frais.

  P. interrupta Dum.

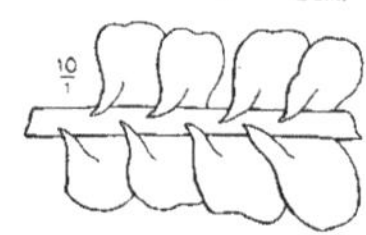

Dichiton Mont.

Les caractères du genre (tableau **VI**) sont ceux de l'espèce.
Terrains siliceux de la région méditerranéenne.

D. calyculatus Trev.

CARACTÈRES DES ESPÈCES FOLIÉES

TABLEAU XXI

Scapania Dum.
(Voir les caractères du genre au tableau VI.)

- Lobe dorsal et lobe ventral presque égaux.
  - Lobes étalés, plus ou moins gondolés, arrondis quand placés sous verre.
    - Tige de 10-20 millim. Feuilles lobées jusqu'au 1/3 et déjetées à angle droit. Terre et rochers de la région alpine. — ***S. Bartlingii*** Nees.

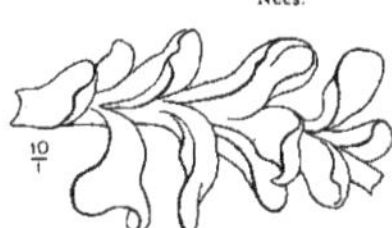

    - Tige de 20-40 millim. Feuilles fendues jusqu'à la 1/2 et dressées vers le sommet ; cellules à parois minces. Mêmes stations. — ***S. subalpina*** Dum.

  - Lobes non gondolés, ni arrondis sous verre, mais quadrangulaires.
    - Tige de 12-25 millim. Les lobes sont peu ou point saillants. Sur la terre et les rochers. — ***S. compacta*** Dum.

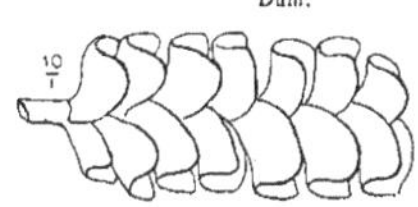

    - Tige de 20-40 millim. Les lobes dépassent d'un 1/3 leur ligne d'adhérence; cellules papilleuses. Rochers des bois. — ***S. æquiloba*** Schr.

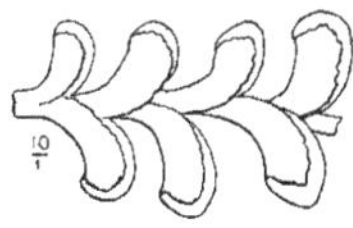

- Lobe dorsal notablement plus petit que le lobe ventral. (Voir la page suivante.)

TABLEAU XXI

(Suite.)

Scapania Dum. *(Suite.)*

- Lobe dorsal et lobe ventral presque égaux. (Voir la page précédente.)
- Lobe dorsal notablement plus petit que le lobe ventral.
  - Plantes de taille au moins moyenne, de 15-50 mill.
    - Plantes aquatiques. Lobe dorsal à peu près aussi large que long.
      - Carène courte, n'ayant qu'un 1/4 de la longueur de la feuille.
        - Lobe dorsal trapézoïde; cellules riches en chlorophylle. Pierres humides en terrains siliceux. — **S. undulata** Dum.
        - Lobe dorsal réniforme. Parois mouillées des rochers alpins. — **S. uliginosa** Dum.
      - Carène longue de 1/2 de la feuille; lobe dorsal rectangulaire avec pointe; cellules pauvres en chlorophylle. Marais et lieux tourbeux. — **S. irrigua** Dum.
    - Plantes non aquatiques. Lobe dorsal plus long que large.
      - Tige brun foncé; feuilles droites, non courbées en cimeterre, plus ou moins dentées. Rochers siliceux secs. — **S. resupinata** Dum.
      - Tige rougeâtre; feuilles courbées en cimeterre; les deux lobes sont toujours finement dentés. Terre et rochers des bois. — **S. nemorosa** Dum.
  - Plantes de petite taille, de 5-15 mill. (Voir la page suivante.)

TABLEAU XXI

(Suite et fin.)

Scapania Dum. *(Suite.)*

- Lobe dorsal et lobe ventral presque égaux. (Voir la page précédente.)
- Lobe dorsal notablement plus petit que le lobe ventral. *(Suite.)*
  - Plantes de taille au moins moyenne, de 15-50 mill. (Voir la page précédente.)
  - Plantes de petite taille, 5-15 mill.
    - Carène moyenne, du 1/3 à 1/2 de la feuille. Lobes dentés en scie.
      - Lobes arrondis du *nemorosa* et fortes dents de l'*umbrosa*. Terre et rochers des forêts. — ***S. intermedia*** Husnot.
      - Fortes dents dirigées vers le sommet de la feuille non arrondi. Bois pourris. — ***S. umbrosa*** Dum.
    - Carène plus courte; cellules plus épaisses.
      - Les deux lobes assez courts pour leur largeur, plus ou moins sinuolés ou dentés, surtout dans les feuilles supérieures; cellules anguleuses, translucides. Terre argilo-sableuse des bois. — ***S. curta*** Dum.
      - Lobes allongés, non sinuolés; cellules à parois épaisses. Bois pourri dans les forêts élevées. — ***S. apiculata*** Spr.

TABLEAU XXII

Diplophyllum Dum.

(Voir les caractères du genre au tableau VI.)

- Feuilles étroitement condupliquées, lobes très inégaux, l'un triple de l'autre.
  - Lobes terminés en pointe, bande médiane de cellules allongées et plus claires.
    Dans toute la région silvatique.
    Dans la variété *D. alb. taxifolium*, la bande médiane est presque nulle ou peu apparente.
    Mêmes stations.
    — ***D. albicans*** Dum.

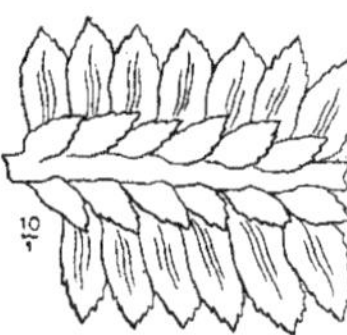

  - Lobes obtus.
    Terrains siliceux de la zone silvatique.
    — ***D. obtusifolium*** Dum.

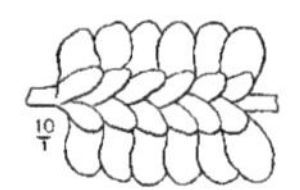

- Feuilles à peine condupliquées ; le lobe est au plus le double du lobule.
  Sur les rochers ombragés de la Bretagne, de la Haute-Vienne, etc.
  — ***D. Dicksoni*** Hook.

CARACTÈRES DES ESPÈCES FOLIÉES

TABLEAU XXII

(Suite et fin.)

Sphenolobus Lindb.
(Voir pour les caractères du genre le tableau VI.)

- Le lobe ventral beaucoup plus grand que le lobe dorsal.
  - Les deux lobes sont aigus.
    - Plante plus petite; feuilles en croix avec la tige, grand lobe lancéolé; cellules petites; propagules lisses, ovales.
      Terrains siliceux des forêts. — ***S. exsectus*** Schr.
    - Plante plus grande; feuilles à demi dressées, grand lobe plus ovale; cellules plus grandes; propagules anguleux.
      Mêmes stations et dans les tourbières. — ***S. exsectiformis*** Breidl.
  - Le lobe ventral est arrondi, s'imbrique étroitement et cache la tige.
    Pierres et troncs de la région alpine. — ***S. saxicolus*** Steph. = **Jung. saxicola** Schr.

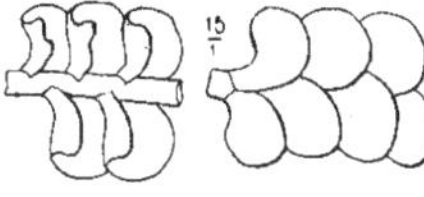

- Les deux lobes sont peu différents l'un de l'autre.
  - Feuilles en gouttière.
    - Gouttière gibbeuse.
      En Auvergne. — ***S. Kunzeanus*** Hübn.

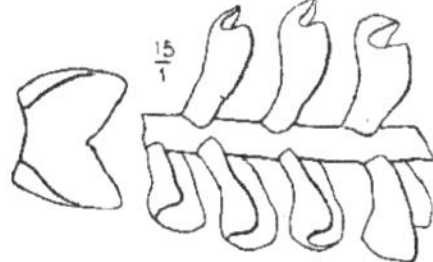

    - Gouttière non gibbeuse.
      Dans les mousses des anfractuosités des rochers silvatiques. — ***S. minutus*** Steph. = **Jung. minuta** Crantz.
  - Feuilles non en gouttière mais étalées; cellules à parois très épaisses.
    Troncs pourris des montagnes boisées. — ***S. Michauxii*** Web.

TABLEAU XXIII

Marsupella Dum.
= **Sarcoscyphus** Corda.
(Voir pour les caractères du genre le tableau VI.)

- Sinus atteignant au plus le 1/4 de la feuille.
  - Tige de 20-80 mill. Plante robuste ; feuilles arrondies subquadrangulaires.
    - Plante vert foncé ou brunâtre ; sinus et lobes obtus ; cellules marginales plus petites ; parois des cellules épaisses.
      Terrains siliceux. — ***M. emarginata*** Dum. 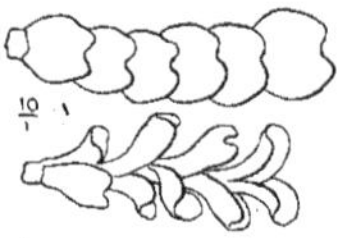
      10/1
    - Plante rouge-pourpre, très variable.
      Sur les rochers, dans l'eau courante des neiges fondues ; dans le lit rocheux des torrents alpins. — ***M. aquatica*** Schiffn. 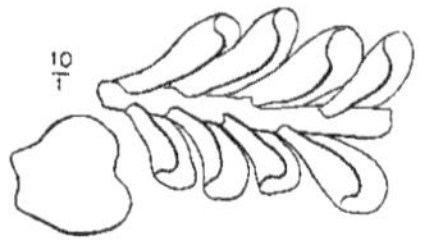
      10/1
  - Tige de 10-20 mill., plus grêle, fragile ; feuilles plus orbiculaires, sinus étroit, lobes subobtus.
    Région alpine, sur les rochers. — ***M. commutata*** H. Bern. = **S. densifolius** Gottsch. 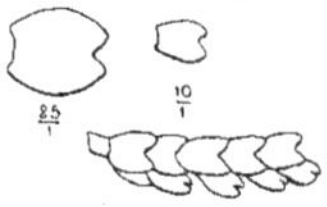
    85/1 10/1
- Sinus atteignant le 1/3 de la feuille.
  (Voir la page suivante.)

CARACTÈRES DES ESPÈCES FOLIÉES

TABLEAU XXIII

(Suite et fin.)

Marsupella Dum. = **Sarcoscyphus** Cord. *(Suite.)*

- Sinus atteignant au plus le 1/4 de la feuille. (Voir la page précédente.)
- Sinus atteignant le 1/3 de la feuille ou même la 1/2.
  - Bords des feuilles non revolutés.
    - Tige de 15 à 35 mil. Feuilles à base étroite, lobes obtus.
      - Couleur terne ou rouge-brun; feuilles en coin, lobes allant en s'élargissant. Terrains siliceux de la région alpine. — ***M. sphacelata*** Dum. (10/1)
      - Plante rouge-pourpré, brillant; feuilles un peu décurrentes, lobes ovales; cellules à parois épaisses. Mêmes stations. — ***M. alpina*** H. Bern. (10/1)
    - Lobes aigus.
      - Tige très courte, 2-5 mill., couleur de roussi, de brûlé; feuilles devenant plus grandes et plus serrées vers le sommet. Région alpine. — ***M. Sprucei*** Steph. = **Sarcosc. ustulatus** Spr. (10/1)
      - Tige de 12-20 mil.
        - Tige claviforme en ses innovations; feuilles suborbiculaires, lobes ovales, apiculés; parois cellulaires très épaisses. Terrains argilo-sablonneux. — ***M. Funckii*** Dum. (10/1, 50/1)
        - Tige filiforme; feuilles espacées, squamiformes, lobes minuscules; parois cellulaires minces. Région alpine. — ***M. nevicensis*** Kaal. (10/1)
  - Tige de 20-40 mill.; bords des feuilles révolutés sur tout leur contour. Région alpine. — ***M. revoluta*** Dum. (10/1)

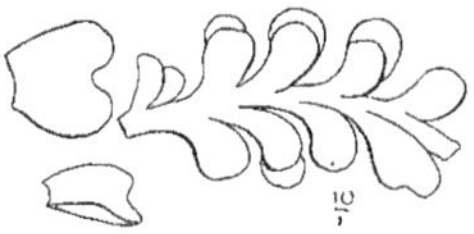

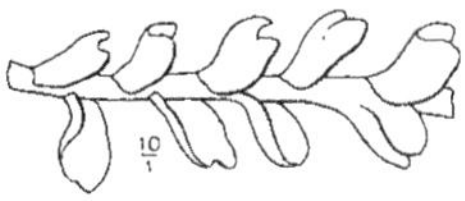

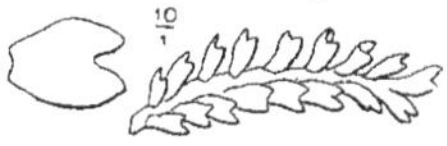

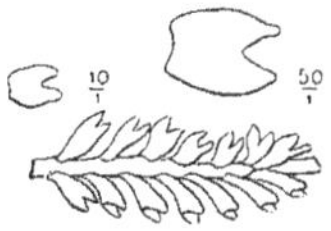

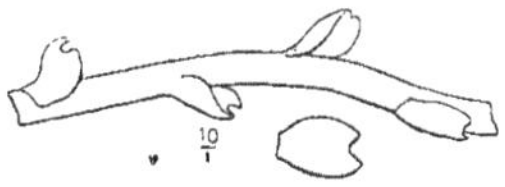

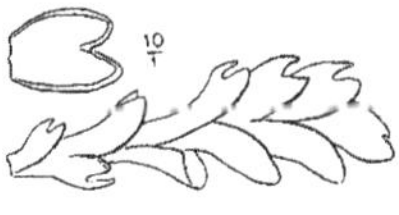

TABLEAU XXIV

Nowellia Mitt.

Les caractères du genre (voir tableau **VII**) sont ceux de l'espèce.
Troncs pourris de la région silvatique.

N. curvifolia Dicks.

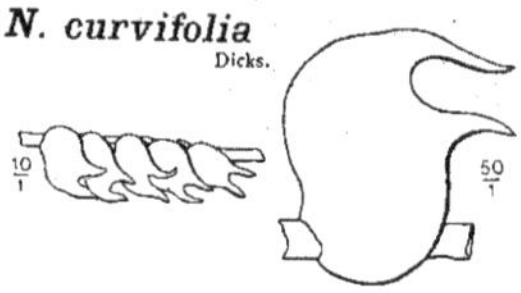

$\frac{10}{1}$ $\frac{50}{1}$

Pleuroclada Spr.

Les caractères du genre (voir tableau **VII**) sont ceux de l'espèce.
Sur la terre, au milieu des mousses, dans la région alpine supérieure.

P. albescens Hook.

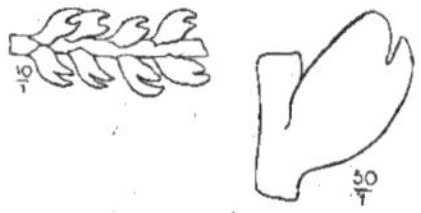

$\frac{10}{1}$ $\frac{50}{1}$

Eucephalozia Spr.

(Voir pour les caractères du genre le tableau VII.)

- Feuilles non décurrentes.
  - Sinus descendant jusqu'à la 1/2.
    - Tige de 5-10 mill. Terrains siliceux et humides de la région silvatique. — ***E. bicuspidata*** Dum. ($\frac{10}{1}$, $\frac{30}{1}$)
    - Variété de la précédente, 2 fois plus forte et lobes plus courts. — ***E. Lammersiana*** Hübn. ($\frac{10}{1}$)
  - Sinus n'allant qu'au 1/4 par une entaille anguleuse; tige de 3-6 mill.; feuilles ovales-orbiculaires ; cellules à parois très épaisses. Sol argilo-sableux des marais. — ***E. Francisci*** Hook. ($\frac{50}{1}$)
- Feuilles plus ou moins décurrentes. (Voir la page suivante.)

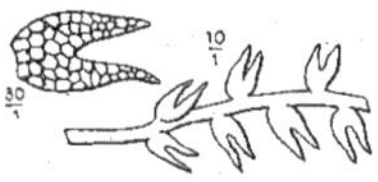

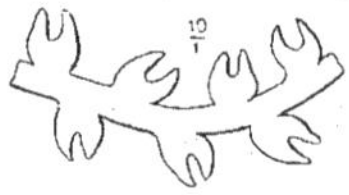

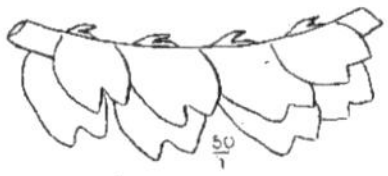

TABLEAU XXIV

(Suite et fin.)

Eucephalozia Spr. *(Suite.)*

- Feuilles non décurrentes. (Voir la page précédente.)
- Feuilles plus ou moins décurrentes par le bord dorsal, sinus descendant du 1/3 à la 1/2.
  - Tige de 5-30 mill.; lobes aigus.
    - Les cellules sont toutes grandes.
      - Parois des cellules épaisses; feuilles concaves et dressées. Périanthe non cilié à l'orifice ou très brièvement. Tourbières des montagnes. — ***E. pleniceps*** Lindb. 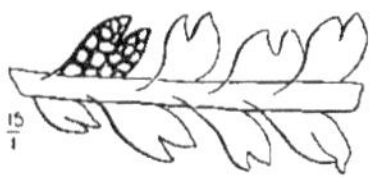
      - Parois des cellules minces; lobes connivents; feuilles moins dressées. Orifice du périanthe longuement cilié. Mêmes stations. — ***E. connivens*** Dicks. 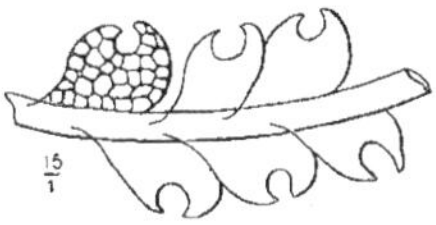
    - Les cellules larges près de l'insertion sont plus petites vers la pointe des lobes; feuilles longuement décurrentes. Orifice du périanthe brièvement cilié. Troncs pourris. — ***E. lunulifolia*** Dum. 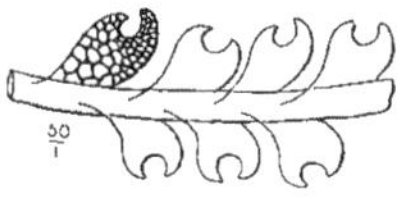
    - Les cellules sont petites, épaisses; feuilles concaves et dressées. Sur les troncs pourris dans les forêts élevées. — ***E. reclusa*** Tayl. = **Ceph. catenulata** Auct. 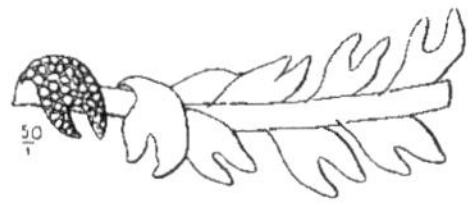
  - Tige de 50-80 mill., vit dans l'eau; lobes obtus et mousses; des amphigastres (Pour plusieurs auteurs, cette hépatique ne serait qu'une forme de *Lophozia inflata*). Dans les marécages, flottant sur l'eau ou rampant dans les sphaignes. — ***E. fluitans*** Nees.

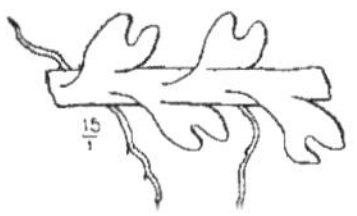

CARACTÈRES DES ESPÈCES FOLIÉES

TABLEAU XXV

Cephaloziella Spr.

(Voir pour les caractères du genre le tableau VII.)

- Feuilles concaves en cuillère.
  - Tige de 2-4 mill. ; longueur des feuilles 0 m 20. Terrains sablonneux, rochers et tourbières. — ***C. byssacea*** Heeg.
  - Forme robuste du *C. byssacea* ; une simple variété d'après M. Douin. Tige de 5-10 mill., couleur plus foncée. Mêmes stations. — ***C. Grimsulana*** Jack.
- Feuilles non concaves.
  - Lobes peu ou point divergents.
    - Tige de 2-6 mil. ; feuilles dépassant à peine le diamètre de la tige. Tourbières, parmi les mousses. — ***C. elachista*** Spr.
    - Tige de 6-12 mil. ; feuilles dont la longueur ne dépasse pas le diamètre de la tige ; ces feuilles sont plus maigres. Sur les troncs pourris en forêts élevées. — ***C. leucantha*** Spr.

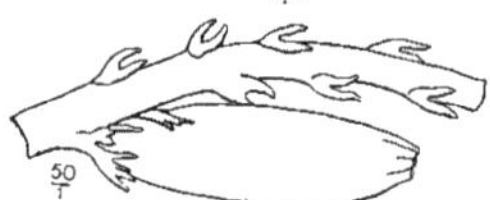

  - Lobes divergents ; tige de 4-8 mill. Mêmes stations que le *C. byssacea*. — ***C. divaricata*** Heeg.

CARACTÈRES DES ESPÈCES FOLIÉES

TABLEAU XXV

(Suite et fin.)

Prionolobus Schiffn.

(Voir pour les caractères du genre le tableau VII.)

Tige de 10-20 mill., diamètre de 0 m 15 ; feuilles de 0 m 25 de longueur ; cellules anguleuses paraissant distantes les unes des autres.

Talus des fossés exposés au Nord, région méditerranéenne.

P. Turneri Spr. = **Jung. Turneri** Hook.

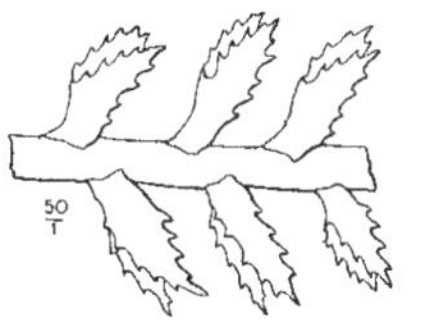

50/1

Tige de 3-5 mill., diamètre 0 m 12 ; feuilles de 0 m 20 de longueur ; amphigastres fréquents, dentés comme les feuilles.

Lieux sablonneux et ombragés.

P. dentatus Schiffn. = **Jung. dentata** Radd.

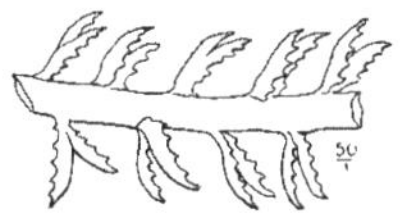

50/1

TABLEAU XXVI

Geocalyx Nees.

Les caractères du genre (tableau **VII**) sont ceux de l'espèce.

Fissures humides et ombragées des rochers siliceux.

G. graveolens Nees.

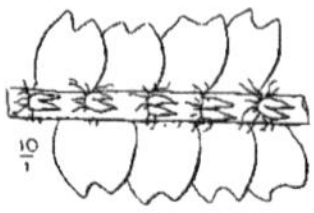

10/1

Harpanthus Nees.
(Voir pour les caractères du genre le tableau VII.)

Tige relativement courte, de 5-10 mill.; sinus des feuilles descendant seulement au 1/4. Cette hépatique diffère du *Lophozia incisa* par son amphigastre et du *Lophozia bicrenata* par ses cellules rondes, à parois épaisses, plus petites vers le sommet des lobes.

Troncs pourris.

H. scutatus Spr.

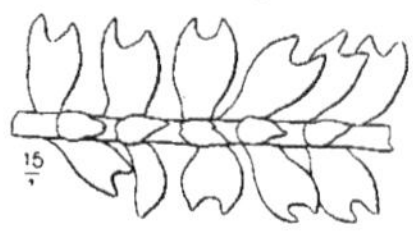

15/1

Tige allongée, de 20-40 mill.; le sinus n'est qu'un émargement descendant tout au plus au 1/6; parois des cellules très minces.

Dans les Alpes supérieures.

H. Flotowianus Nees.

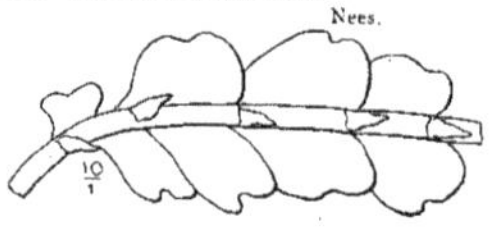

10/1

Lophocolea Dum.
(Voir pour les caractères du genre le tableau VII.)

Tige dont toutes les feuilles sont dentées.

Feuilles ayant souvent plus de deux dents.

Ordinairement 3 dents au sommet des feuilles, la dent médiane plus saillante. Plante vert foncé.

Base des troncs d'arbres.

L. spicata Tayl.

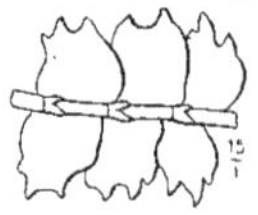

15/1

Plante fort petite, ayant 2-3-4 dents; amphigastre 2-lobé, avec 2 dents à l'extérieur.

Parois des rochers.

L. fragrans DN.

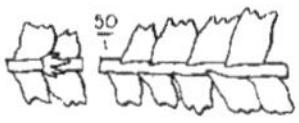

50/1

Feuilles n'ayant habituellement que les 2 dents communes au genre.
(Voir la page suivante.)

Tige dont les feuilles de la base sont seules dentées.
(Voir la page suivante.)

TABLEAU XXVI

(Suite et fin.)

Lophocolea Dum.

(Voir pour les caractères du genre le tableau VII.)

- Tige dont toutes les feuilles sont dentées.
  - Feuilles ayant souvent plus de 2 dents.
    (Voir la page précédente.)
  - Feuilles n'ayant habituellement que les 2 dents communes au genre.
    - Lobes des amphigastres diversement lacinulés du côté extérieur. Feuilles imbriquées.
      - Plante vert pâle ; cellules translucides. Inflorescence dioïque, ♀ terminale.
        - Innovations grêles et radicantes. Région silvatique. — ***L. bidentata*** Nees.
        - Innovations fasciculées ascendantes (Pour plusieurs, cette hépatique n'est qu'une variété de la précédente.) Bords des ruisseaux. — ***L. rivularis*** Radd. = **L. Hookeriana** Nees.
      - Plante vert foncé ; odeur pénétrante ; cellules opaques. Inflorescence monoïque, ♀ latérale. Rochers siliceux. — ***L. cuspidata*** Limpr.

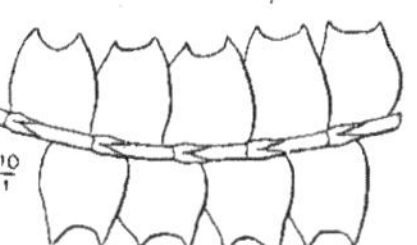

    - Lobes des amphigastres entiers ; feuilles espacées. Parois verticales de rochers plus ou moins calcaires. — ***L. minor*** Nees.
- Tige dont les feuilles de la base sont seules dentées, avec lobes courts et obtus. Périanthe trilobé avec lobes dentés. A la base des vieux troncs vivants ou morts. — ***L. heterophylla*** Dum.

CARACTÈRES DES ESPÈCES FOLIÉES

TABLEAU XXVII

Lophozia Dum.

(Voir pour les caractères du genre le tableau VII.)

- Feuilles 2-lobées, lobes généralement égaux, sinus en deçà du 1/3.
  - Pas d'amphigastres, sinon parfois sur les rameaux fertiles du *Lophozia ventricosa*.
    - Sinus en courbe plus ou moins ouverte et large.
      - Feuilles décurrentes par le bord dorsal, avec bords infléchis, comme révolutés en avant. Rochers escarpés de la région subalpine et alpine. — ***L. orcadensis*** Hook. 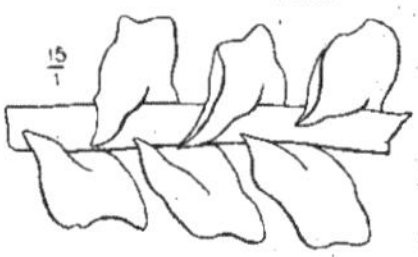
      - Feuilles moins décurrentes.
        - Tige teintée de pourpre.
          - Plante vert clair; feuilles quadrangulaires; cellules anguleuses. Terrains siliceux, dans les bruyères, au milieu des mousses, sur troncs pourris. — ***L. ventricosa*** Dum. 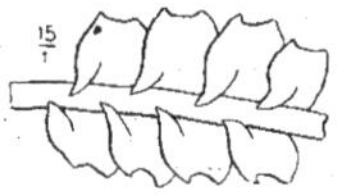
          - Plante brune; feuilles plus larges que longues. Terrains siliceux, sur l'humus et au milieu des mousses. — ***L. alpestris*** Steph. 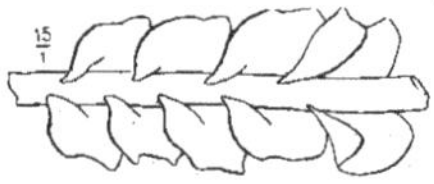
        - Tige non teintée de pourpre, sauf quelquefois en *Lophozia bicrenata*.
          - Tige de 2-8 mil.; lobes égaux; cellules carrées; parois épaisses. Périanthe très gros. Terres sablonneuses. — ***L. bicrenata*** Dum. 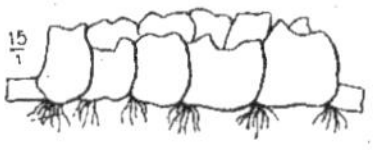
          - Tige de 5-15 mil; lobes inégaux; feuilles en touffe au sommet; parois minces. Mêmes stations. — ***L. capitata*** Hook. = **L. intermedia** Lindb. 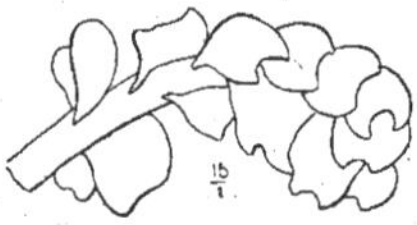
    - Sinus étroit, lobes obtus et mousses; cellules grandes, anguleuses, non épaissies. Tourbières et marais des terrains siliceux. — ***L. inflata*** How. 
  - Amphigastres fréquents. (Voir la page suivante.)
- Feuilles 3-5-lobées, lobes inégaux généralement. (Voir le tableau XXVIII.)

CARACTÈRES DES ESPÈCES FOLIÉES

TABLEAU XXVII

(Suite et fin.)

Lophozia Dum. *(Suite.)*

- Feuilles 2-lobées, lobes généralement égaux, sinus en deçà du 1/3 (*suite*).
  - Pas d'amphigastres. (Voir la page précédente.)
  - Amphigastres fréquents dans la partie moyenne des tiges.
    - Feuilles rétrécies à leur base.
      - Tige petite, de 5-10 mill.; feuilles plus ou moins distantes. Parois des rochers, talus des fossés calcaires ou arrosés d'eau calcaire. — ***L. turbinata*** Steph.
      - Tige médiocre, 20-25 mill.; feuilles légèrement imbriquées, lobes aigus. Rochers calcaires. — ***L. Mülleri*** Dum.
    - Feuilles plutôt élargies à leur base.
      - Plante vert-jaunâtre. Région alpine calcaire et très humide. — ***L. Bantriensis*** Nees. = **L. Hornschuchiana** Schiffn.
      - Plante vert sombre, tige brune par derrière. Mêmes stations. — ***L. obtusa*** Ev.

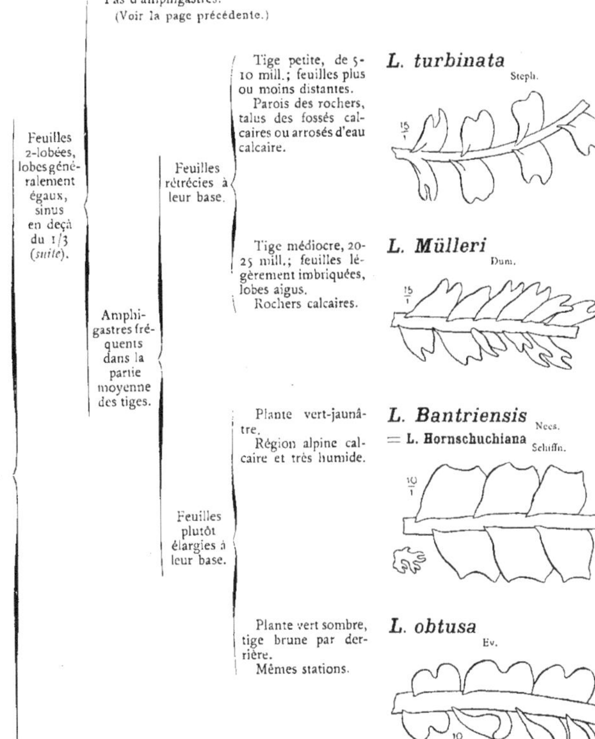

- Feuilles 3-5-lobées, lobes généralement inégaux. (Voir le tableau XXVIII.)

TABLEAU XXVIII

Lophozia Dum. (*Suite.*)

- Feuilles 2-lobées (très rarement 3-lobées), lobes égaux, sinus en deçà du 1/3.
  (Voir le tableau précédent XXVII.)
- Feuilles 3-5-lobées et lobes généralement inégaux.
  - Lobes incisés et dentés, surtout dans les feuilles supérieures qui sont plus larges que longues et forment touffe; les inférieures sont petites, bilobées, espacées. Plante vert-pomme.
    Troncs pourris et rochers non calcaires. — ***L. incisa*** Dum. 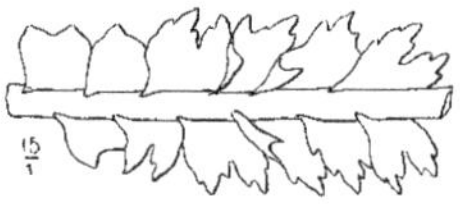
    15/1
  - Lobes entiers ou peu s'en faut.
    - Plantes molles.
      - Feuilles étalées, trilobées au moins dans la partie supérieure des tiges fertiles, ailleurs n'ayant souvent que deux lobes.
        Dans les tourbières. — ***L. marchica*** Steph. 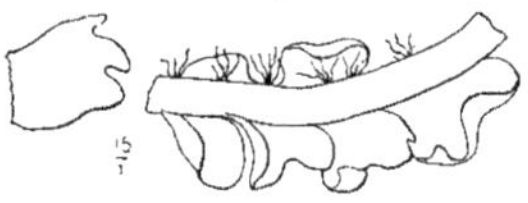
        15/1
      - Feuilles embrassantes, avec plis profonds, correspondant aux sinus; cellules grandes, translucides, étoilées par l'épaississement des angles.
        Hautes régions des Alpes. — ***L. polita*** Nees. 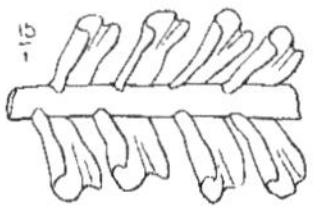
        15/1
    - Plantes fermes.
      (Voir la page suivante.)

CARACTÈRES DES ESPÈCES FOLIÉES

TABLEAU XXVIII

(Suite et fin.)

Lophozia Dum.

(Suite et fin.)

- Feuilles 2-lobées, lobes égaux.
  (Voir le tableau XXVII.)
- Feuilles 3-5-lobées, lobes généralement inégaux.
  - Lobes nettement incisés.
    (Voir la page précédente.)
  - Lobes entiers ou peu s'en faut.
    - Plantes molles.
      (Voir la page précédente.)
    - Plantes fermes. (*J. barbata.*)
      - Plantes ayant amphigastres et cils.
        - 1-4 cils à la base dorsale. De préférence dans les terrains siliceux. — **L. Flœrkii** Schiffn.
        - 8 - ∞ cils. Sur les rochers, surtout calcaires, au milieu des mousses ou lichens. — **L. lycopodioides** Cogn.
      - Plantes sans amphigastres ni cils.
        - Lobes inégaux.
          - Tige petite, 6-8 mill.; lobe ventral non dilaté. Sur les pentes sablonneuses de la zone silvatique. — **L. Schreberi** Nees.
          - Tige de 10-30 mill.; lobe ventral dilaté et épineux. Lieux frais de la région silvatique siliceuse. — **L. Lyoni** Tayl. = **Jung. quinquedentata** Lin.
        - Lobes presque égaux. Au pied des rochers siliceux ou des vieux troncs d'arbres. — **L. attenuata** Dum. = **L. gracilis** Steph.

CARACTÈRES DES ESPÈCES A THALLE

TABLEAU XXIX

Aneura Dum.

(Voir pour les caractères du genre le tableau VIII.)

- Fronde relativement large, de 2-5 mill.; dioïque. Dans les lieux humides.
  Une variété très remarquable c'est la *V. fluitans;* elle flotte sur l'eau et ses frondes sont très cassantes.
  Une autre montre çà et là le long de ses bords de très petits lobes courts, groupés 2-3, c'est la *V. denticulata* Nees. — ***A. pinguis*** Dum.

- Fronde moins large, de 1 à 2 mill.; monoïque.
  - Les deux faces sont sensiblement parallèles.
    Sur les pierres et les bois pourris, au bord des petits ruisseaux. — ***A. sinuata*** Dum. = **A. pinnatifida** Nees.
  - Fronde plus délicate, translucide, légèrement convexe en dessus, radicante.
    Sur les talus humides. — ***A. latifrons*** Lindb.

- Fronde étroite, entre 3/4 mill. et 1 m 1/2, biconvexe, ramifiée; monoïque.
  Près des sources et des cascades, sur la terre et les pierres plus ou moins arrosées. — ***A. multifida*** Dum.

- Fronde très étroite, n'atteignant pas 1 mill., d'ailleurs fort petite.
  Sur les troncs pourris. — ***A. palmata*** Dum.

CARACTÈRES DES ESPÈCES A THALLE

TABLEAU XXX

Metzgeria Radd.

(Voir pour les caractères du genre le tableau VIII).

- Fronde glabre à la face dorsale,
  - assez plane, poils isolés ; dioïque.
    A la base des troncs d'arbres et sur les rochers siliceux. — ***M. furcata*** Dum.
  - plus vigoureuse, convexe par la flexion des bords en dessous, poils souvent géminés ; monoïque.
    Même station que le *furcata*, exigeant moins d'ombre. — ***M. conjugata*** Lindb.
- Fronde velue sur les deux faces.
  Sur les troncs d'arbres et sur les parois verticales des rochers surtout calcaires. — ***M. pubescens*** Radd.

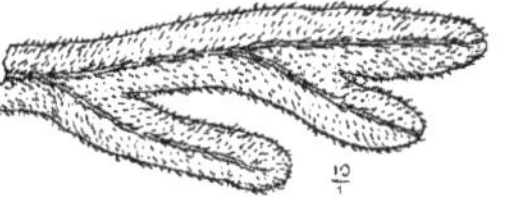

Dilæna Dum.

(Voir pour les caractères du genre les tableaux VIII et II.)

- Dans la nervure il y a un faisceau de cellules allongées ; fronde étroite, de 2-4 mill. de large.
  Terrains tourbeux et sur l'humus frais et ombragé. — ***D. Lyellii*** Dum.

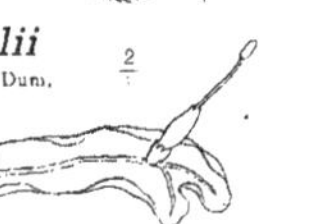

- Dans la nervure pas de cellules spéciales ; fronde ayant de 3-6 mill. de large.
  - Fronde ondulée, plissée sur les bords.
    Sur la terre sablonneuse et humide, parmi les mousses. — ***D. hibernica*** Gottsch. = **D. Flotowiana** Nees.

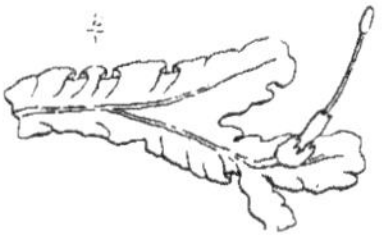

  - Fronde moins ondulée, relevée sur les bords ; radicules jaune d'or au microscope.
    Parmi les mousses humides et les sphaignes. — ***D. Blyttii*** Dum.

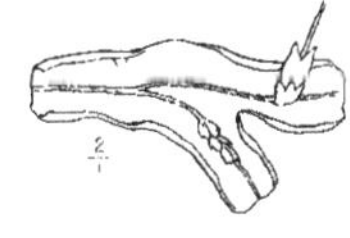

CARACTÈRES DES ESPÈCES A THALLE

TABLEAU XXXI

Pellia Radd.

(Voir pour les caractères du genre le tableau VIII.)

Fronde large de 10-15 mill. Coiffe tubuleuse dépassant longuement l'involucre ; monoïque.
Dans les bois, aux lieux humides ; parois des fossés et des grottes, surtout terrains siliceux.

P. epiphylla Cord.

Fronde moyenne, large de 7-10 mill. Coiffe dépassant plus ou moins l'involucre ; dioïque.
Mêmes stations que l'espèce suivante, dont elle n'est regardée souvent que comme une variété.

P. Neesiana Limpr.

Fronde étroite, de 3-7 mill. de large. Coiffe incluse dans l'involucre, ou le dépassant à peine ; dioïque.
Talus des fossés, marécages, dans les terrains calcaires.

P. calycina Nees. = **P. Fabroniana** Radd.

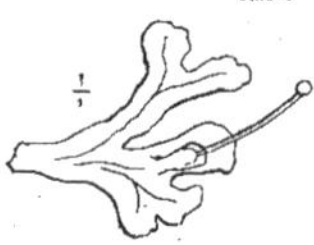

Blasia Lin.

Les caractères du genre (tableau **VIII**) sont ceux de l'espèce.
Lieux frais, inondés pendant l'hiver, revers des fossés, des rigoles.

B. pusilla Lin.

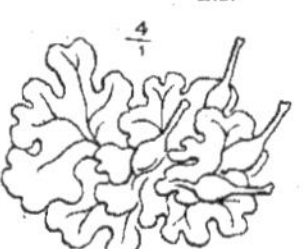

CARACTÈRES DES ESPÈCES A THALLE

TABLEAU XXXII

Lunularia Mich.

Les caractères du genre (tableau **VIII**) sont ceux de l'espèce.
Sur la terre ou les rochers humides, allées des jardins, dans les serres et orangeries.

L. cruciata Dum.
= **L. vulgaris** Mich.

$\frac{1}{1}$

Marchantia Lin.

(Voir les caractères du genre au tableau VIII.)

Fronde légèrement concave. Appareils reproducteurs verts; corbeilles à propagules sessiles.
Dans les marais, etc.
Plus petite en toutes ses dimensions est la variété *domestica* Wahl., qui végète entre les pavés des habitations.

M. polymorpha Lin.

Fronde plutôt convexe en dessus, plus ferme. Appareils reproducteurs teintés de pourpre ; corbeilles à propagules exhaussées sur un bourrelet.
Environs de Nice.

M. paleacea Bert.

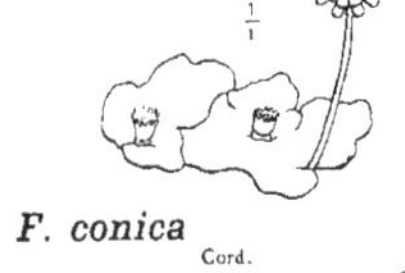

Fegatella Radd.

Les caractères du genre (tableau **IX**) sont ceux de l'espèce.
Bords des ruisseaux, lieux frais et ombragés, pierres et rochers humides.

F. conica Cord.

Dumortiera Reinw.

Les caractères du genre (tableau **IX**) sont ceux de l'espèce.
A été trouvé dans les Pyrénées, à Bagnères-de-Bigorre.

D. irrigua Nees.

$\frac{1}{1}$

CARACTÈRES DES ESPÈCES A THALLE — TABLEAU XXXIII

Preissia Cord.

Les caractères du genre (tableau **IX**) sont ceux de l'espèce. Parois humides des rochers calcaires, au bord des marécages à tuf calcaire.

P. commutata Nees.

Sauteria Nees.

Les caractères du genre (tableau **IX**) sont ceux de l'espèce. Sur les rochers, au bord des torrents, dans les Alpes.

S. alpina Nees.

Reboulia Radd.

Les caractères du genre (tableau **IX**) sont ceux de l'espèce. Dans les lieux ombragés, talus argilo-sableux, rochers, vieux murs.

R. hemisphærica Radd.

Plagiochasma L. et L.

Les caractères du genre (tableau **IX**) sont ceux de l'espèce. Sur la terre des vieux murs et des rochers de la région méditerranéenne.

P. italicum DN.

CARACTÈRES DES ESPÈCES A THALLE

TABLEAU XXXIV

Fimbriaria Nees

(Voir les caractères du genre au tableau IX.)

- Périanthe plus ou moins coloré.
  - Fronde de 7-8 mill. de large. Périanthe de 16 lanières violet-pourpre, cohérentes, formant un treillis hémisphérique.
    Sur la terre, parmi les mousses dans les hautes montagnes. — ***F. Lindenbergiana*** Cord.
  - Fronde de 3-4 mill. de large. Périanthe à 8 lanières faiblement colorées, partiellement subdivisées.
    Mêmes stations. — ***F. fragrans*** Nees.
- Périanthe incolore.
  - Fronde large de 1 m 1/2 à 3. Périanthe avec 8-12 lanières linéaires amincies.
    Sur la terre qui recouvre les rochers et dans leurs fissures. — ***F. pilosa*** Tayl.
  - Périanthe très court, avec 6 lanières triangulaires subulées.
    Dans les montagnes de la Corse. — ***F. africana*** Mont.

Grimaldia Radd.

(Voir les caractères du genre au tableau IX.)

- Fronde longue de 15-25 mill., garnie en dessous d'écailles d'un violet obscur.
  Sur la terre argilo-sableuse du Midi, sur l'humus du creux des rochers. — ***G. dichotoma*** Radd.
- Fronde plus courte, de 6-12 mill., écailles du dessous terminées par de longues franges blanches.
  Sur la terre fraîche exposée au Midi. — ***G. fragrans*** Cord. = **G. barbifrons** Bisch.

Neesiella Schiffn.

Les caractères du genre (tableau **IX**) sont ceux de l'unique espèce.
Rochers du Gard, basaltes du Cantal. — ***N. rupestris*** Schiffn.

CARACTÈRES DES ESPÈCES A THALLE

TABLEAU XXXV

Corsinia Radd.

Les caractères du genre (tableau **X**) sont ceux de l'unique espèce.
Sur la terre fraîche, légère, sableuse, contenant de l'humus; Midi et Ouest.

C. marchantioides Radd.

2/1

Targionia Lin.

Les caractères du genre (tableau **X**) sont ceux de l'unique espèce.
Sur la terre argilo-sableuse, sur les vieux murs et dans leurs fissures.

T. hypophylla Lin.

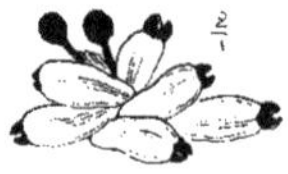

2/1

Tessellina Dum.

Les caractères du genre (tableau **X**) sont ceux de l'unique espèce.
Bord des sentiers, talus, lieux secs et caillouteux.

T. pyramidata Dum.

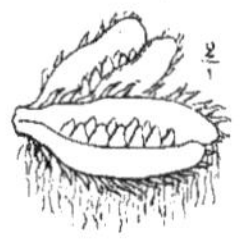

2/1

Sphærocarpus Mich.

Les caractères du genre (tableau **VIII**) sont ceux de l'espèce unique.
Sol sablonneux, frais et argilo-siliceux.

S. terrestris Sm.

4/1

CARACTÈRES DES ESPÈCES A THALLE

TABLEAU XXXVI

Ricciocarpus Cord.

Les caractères du genre (tableau **X**) sont ceux de l'unique espèce.
Nageant sur les eaux plus ou moins stagnantes. — ***R. natans*** Lin.

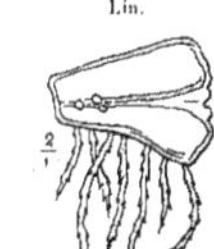

Ricciella Bisch.

(Voir les caractères du genre au tableau X.)

- Plantes vertes
  - dont les lobes sont très obtus.
    Sur la vase, aux bords des fossés et rigoles. — ***R. crystallina*** Lin.
  - dont les lobes sont étroitement linéaires et très ramifiés.
    - 30-60 mill. de long.
      Flottant à la surface de l'eau stagnante. — ***R. fluitans*** Lin.
    - 10 à 20 mill. de long.
      Sur la vase en voie de dessèchement. — ***R. canaliculata*** Hoff.
- Plante violet-rougeâtre.
  Sur la vase des étangs en voie de dessèchement. — ***R. Hübeneriana*** Lindb.

CARACTÈRES DES ESPÈCES A THALLE

TABLEAU XXXVII

Euriccia Lindb.

(Voir les caractères du genre au tableau X.)

- Bords épais et arrondis,
  - non relevés.
    - Fronde petite, longue de 2-4 mil., large de 1 mil., face dorsale vivement sillonnée. Région méditerranéenne. — ***E. papillosa*** Moris.
    - Fronde longue de 10 à 12 mil., étroite, à bifurcations répétées, avec des cils médiocres, souvent géminés. Signalée dans la Corse. — ***E. Henriquezii*** Lev.

  - plus ou moins relevés.
    - Lobes linéaires.
      - Fronde garnie sur ses bords de plusieurs rangées de cils fins, allongés, persistants. Sur terre argilo-sableuse, au bord des sentiers. — ***E. ciliata*** Hoff.

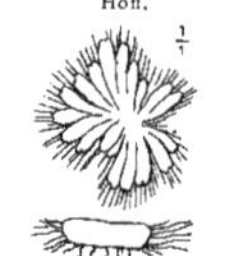

      - Plante garnie d'écailles imbriquées d'un violet-pourpre foncé. Sur le diluvium et les terrains argilo-sableux du Midi. — ***E. nigrella*** DC. = **Ric. minima** Lin. (*ex parte*.)
    - Lobes oblongs.
      - Vert glauque; longueur 10 mil; dioïque. Sporanges sur un seul rang. Sur le sol argilo-sablonneux de la région méditerranéenne. — ***E. Michelii*** Radd.

      - Longueur des lobes 7-8 mill., largeur 1m à 1m 1/2; monoïque. Sporanges sur 2-3 rangs. Sur la terre humide et dans la zone silvatique inférieure. — ***E. bifurca*** Hoff.

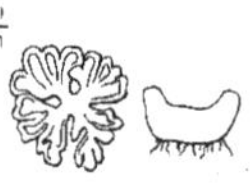

- Bords non arrondis. (Voir la page suivante.)

CARACTÈRES DES ESPÈCES A THALLE

TABLEAU XXXVII

(Suite et fin.)

Euriccia Lindb. *(Suite et fin.)*

- Bords épais et arrondis. (Voir la page précédente.)
- Bords supérieurement non arrondis, mais
  - avec arête vive.
    - Bords non relevés.
      - Lobes longs de 4-10 mill., larges de 2 mill., 2-3 fois bifurqués ; lobes, en coupe, 3-4 fois plus larges qu'épais. Sur la terre fraîche des champs, etc. — ***R. glauca*** Lin. (1/1, 6/1)
      - Fronde plus petite, longue de 2-3 mill., large de moins de 1 mill., rétrécie en ses extrémités, rarement bifurquée ; écailles violet foncé sur ses flancs. Région méditerranéenne, lieux humides en terrains siliceux. — ***R. Crozalsii*** Lev. (2/1, 6/1)
    - Bords plus ou moins relevés.
      - Longueur des secteurs de 4-6 mill., largeur de 1 m à 1 m 1/2 ; dioïque ; lamelles en grandes écailles sur tout le contour. Terrains volcaniques et calcaires. Région méditerranéenne. — ***R. lamellosa*** Radd. (1/1, 2/1)
      - Longueur des secteurs 3-4 mill., largeur 1 mill., bords finement denticulés ; monoïque. Sur la terre dénudée, les pelouses arides en sol argilo-calcaire. — ***R. sorocarpa*** Bisch. (1/1)
  - amincis en aile.
    - Fronde presque linéaire et sans cils, longue de 3-6 mill., large de 1-2 ; aile étroite, brun-jaunâtre avec trace de violet. Midi, terrains volcaniques. — ***R. macrocarpa*** Lev. (1/1)
    - Fronde obcordée et garnie de gros cils.
      - Fronde vert pâle-glaucescent ; cils courts sur les bords et le sommet des lobes. Dans les terrains siliceux. — ***R. Bischoffii*** Hübn. (1/1)
      - Fronde brunissant de bonne heure ; cils moins courts et blancs, se voient surtout au sommet. Spores 2 fois plus grandes que dans l'espèce précédente. Région méditerranéenne. — ***R. Gougetiana*** Mont. (1/1)

CARACTÈRES DES ESPÈCES A THALLE

TABLEAU XXXVIII

Anthoceros Lin.

(Voir les caractères du genre aux tableaux VIII et II.)

- Frondes papilleuses. Spores brun-noir, hérissées de pointes.
  - Involucres cylindriques de 2-5 mil. de long ; capsule de 15 à 30 mill. Sur la terre argilo-sableuse, champs humides et bords des fossés. — ***A. punctatus*** Lin.
  - Forme robuste du précédent ; involucres de 5-7 mill. de long ; capsules de 30-60 mill. Talus humides. — ***A. Husnoti*** Steph.
- Frondes lisses. Spores jaunes non épineuses.
  - Fronde divisée en lobes et lobules plus courts que dans le suivant. Mêmes stations que les précédents mais moins répandu. — ***A. lævis*** Lin.

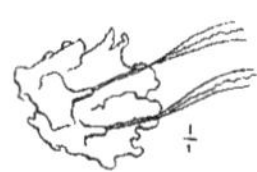

  - Fronde divisée en lobes et lobules linéaires allongés ; radicules souvent terminées par des bulbilles oblongs, brunâtres. Dans les ravins sur les micaschistes. — ***A. dichotomus*** Radd.

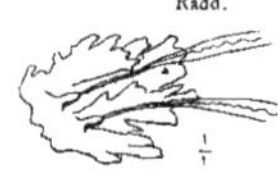

CARACTÈRES DES ESPÈCES DE TRANSITION — TABLEAU XXXIX

Fossombronia Radd.

(Voir les caractères du genre au tableau XI.)

Dans ce genre les espèces sont fort semblables au point de vue végétatif : la plante est couchée, ses feuilles, confluentes à leur base, et ses radicules sont violettes. On se sert des saillies des spores comme caractères spécifiques.

- Crêtes formant à la surface des spores un réseau d'alvéoles hexagonaux.
  - Spores grosses et alvéoles grands, on ne peut en voir que 8 à 10 dans le champ visuel. Talus des haies et des sentiers. — ***F. angulosa*** Radd.
  - Spores un peu moins fortes, alvéoles moins grands, crêtes plus développées. Lieux un peu frais, sous les bruyères et les cistes. — ***F. Crozalsii*** Corb.

  - Spores encore moins grosses, alvéoles plus petits, crêtes comme dans *F. angulosa*. Lieux humides un peu tourbeux. — ***F. Dumortieri*** Lindb.

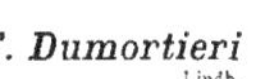

- Pas de réseau hexagonal à la surface des spores.
  - Crêtes circonscrivant quelques mailles irrégulières au sommet des spores. Talus des fossés et des bruyères humides. — ***F. Wondraczekii*** Dum. = **F. cristata** Lindb.

  - Pas de mailles irrégulières au sommet des spores.
    - Crêtes peu nombreuses mais prolongées; plante petite. Mêmes stations. — ***F. pusilla*** Dum.
    - Crêtes tronquées en dents nombreuses
      - simples. Mêmes stations. — ***F. cæspitiformis*** DN.

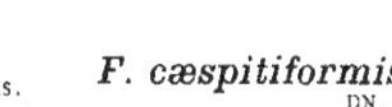

      - plus ou moins étoilées. Mêmes stations. — ***F. Husnoti*** Corb.

10/1 — 300/1

CARACTÈRES DES ESPÈCES DE TRANSITION

TABLEAU XXXIX

(Suite et fin.)

Riella Mont.

Les caractères du genre (voir tableau **XI**), sont ceux de l'espèce.

Région méditerranéenne, Algérie.

R. Battandieri Trab.

Haplomitrium Nees.

Les caractères du genre (voir tableau **XI**), sont ceux de l'unique espèce.

Sur la terre sablonneuse ou tourbeuse, un peu humide.

Un peu moins rare dans les pays du Nord de l'Europe.

H. Hookeri Nees.

TABLE ALPHABÉTIQUE

DES ESPÈCES ET DES GENRES

N. B. — Les noms des espèces sont en caractères italiques, ceux des genres en caractères romains.

Acolea Dum., p. 17, 33.
Adelanthus Mitt., p. 19, 42.
æquiloba Schr. (**Scapania**), p. 43
africana Mont. (**Fimbriaria**), p. 65.
albescens Hook. (**Pleuroclada**), p. 50.
albicans Dum. (**Diplophyllum**), p. 46.
Alicularia Cord., p. 18, 40.
alpestris Steph. (**Lophozia**), p. 56.
alpina Nees. (**Sauteria**), p. 64.
alpina H. Bern. (**Marsupella**), p. 49.
amplexicaulis Dum. (**Aplozia**), p. 36.
Aneura Dum., p. 21, 60.
angulosa Radd. (**Fossombronia**), p. 71.
anomala Dum. (**Coleochila**), p. 41.
Anthelia Dum., p. 17, 32.
Anthoceros Lin., p. 21, 70.
apiculata Spr. (**Scapania**), p. 45.
Aplozia Dum., p. 18, 36, 37.
aquatica Schiffn. (**Marsupella**), p. 48.
argutus Dum. (**Cincinnulus**), p. 26.
asplenioides Dum. (**Plagiochila**), p. 42.
atrovirens Dum. (**Aplozia**), p. 37.
attenuata Dum. (**Lophozia**), p. 59.
autumnalis Steph. DC. (**Jamesoniella**), p. 41
bantriensis Nees. (**Lophozia**), p. 57.
barbifrons Bisch. (**Grimaldia**), p. 65.
Bartlingii Nees. (**Scapania**), p. 43.
Battandieri Trab. (**Riella**), p. 72.
bicrenata Dum. (**Lophozia**), p. 56.
bicuspidata Dum. (**Eucephalozia**), p. 50.
bidentata Nees. (**Lophocolea**), p. 55.
bifurca Hoff. (**Euriccia**), p. 68.
Bischoffii Hübn. (**Euriccia**), p. 69.
Blasia Lin., p. 21, 62.
Blepharostoma Dum., p, 17, 34.
Blepharozia Dum., voir **Ptilidium**.
Blyttii Dum. (**Dilæna**), p. 61.
byssacea Heeg. (**Cephaloziella**), p. 52.

cæspitiformis DN. (**Fossombronia**), p. 71.
cæspititia Dum. (**Aplozia**), p. 37.
calcarea Lib. (**Lejeunea**), p. 28.
calycina Nees. (**Pellia**), p. 62.
calyculatus Trev. (**Dichiton**), p. 42.
Calypogeia Spr., p. 18, 38.
calyptrifolia Dum. (**Lejeunea**), p. 29.
canaliculata Hoff. (**Ricciella**), p. 67.
capitata Hook. (**Lophozia**), p. 56.
catenulata Auct., voir *reclusa*.

Cephaloziella Spr., p. 20, 52.
Chiloscyphus Cord., p. 18, 38.
ciliare Nees. (**Ptilidium**), p. 34.
ciliata Hoff. (**Euriccia**), p. 68.
Cincinnulus Dum., p. 12, 16, 26.
Coleochila Dum., p. 18, 41.
commutata Nees. (**Preissia**), p. 64.
commutata H. Bern. (**Marsupella**), p. 48.
compacta Dum. (**Scapania**), p. 43.
complanata Dum. (**Radula**), p. 31.
compressa G. L. N. (**Alicularia**), p. 40.
concinnata Dum. (**Acolea**), p. 33.
confertus Limpr., voir *varians*, p. 33
conica Cord. (**Fegatella**), p. 63.
conjugata Lindb. (**Metzgeria**), p. 61.
connivens Dicks. (**Eucephalozia**), p. 51.
corallioides Dum. (**Acolea**), p. 33.
cordifolia Dum. (**Aplozia**), p. 36.
Corsinia Radd., p. 23, 66.
crenulata Steph. (**Solenostoma**), p. 40.
cristata Lindb. (**Fossombronia**), p. 71.
Crozalsii Lev. (**Euriccia**), p. 69.
Crozalsii Corb. (**Fossombronia**), p. 71.
cruciata Dum. (**Lunularia**), p. 63.
crystallina Lin. (**Ricciella**), p. 67.
curta Dum. (**Scapania**), p. 45.
curvifolia Dicks. (**Nowellia**), p. 50.
cuspidata Limpr. (**Lophocolea**), p. 55.

decipiens Mitt. (**Adelanthus**), p. 42.
densifolius Nees., voir *commutata*.
dentatus Schiffn. (**Prionolobus**), p. 53.
denudatum Dum. (**Odontoschisma**), p. 41.
Dichiton Mont., p. 19, 42.
dichotoma Radd. (**Grimaldia**), p. 65.
dichotomus Radd. (**Anthoceros**), p. 70.
Diksoni Hook. (**Diplophyllum**), p. 46.
dilatata Dum. (**Frullania**), p. 26.
Dilæna Dum., p. 21, 61.
Diplophyllum Dum., p. 19, 46.
divaricata Heeg. (**Cephaloziella**), p. 52.
domestica Wahl. (**Marchantia**), p. 63.
Dumortiera Reinw., p. 22, 63.
Dumortieri Lindb. (**Fossombronia**), p. 71.

elachista Spr. (**Cephaloziella**), p. 52.
emarginata Dum. (**Marsupella**), p. 48.
epiphylla Cord. (**Pellia**), p. 62.
ericetorum Spr. (**Calypogeia**), p. 38.
Eucephalozia Spr., p. 20, 50, 51.
Euriccia Lindb., p. 23, 68, 69.
exsectiformis Breidl. (**Sphenolobus**), p. 47.
exsectus Schr. (**Sphenolobus**), p. 47.

Fabroniana Radd. (**Pellia**), p. 62.
Fegatella Radd., p. 22, 63.
Fimbriaria Nees., p. 22, 65.
Flœrkii Schiffn. (**Lophozia**), p. 59.
Flotowiana Nees. (**Dilæna**), p. 61.
Flotowianus Nees. (**Harpanthus**), p. 54.
fluitans Nees. (**Eucephalozia**), p. 51.
fluitans Lin. (**Ricciella**), p. 67.
Fossombronia Radd., p. 24, 71.
fragilifolia Tayl. (**Frullania**), p. 27.
fragrans Nees. (**Fimbriaria**), p. 65.

fragrans Cord. (**Grimaldia**), p. 65.
fragrans DN. (**Lophocolea**), p. 54.
Francisci Hook. (**Eucephalozia**), p. 50.
Frullania Radd., p. 16, 26.
Funckii Dum. (**Marsupella**), p. 49.
furcata Dum. (**Metzgeria**), p. 61.

Geocalyx Nees., p. 20, 54.
glauca Lin. (**Euriccia**), p. 69.
Gougetiana Mont. (**Euriccia**), p. 69.
Goulardi Husnot. (**Aplozia**), p. 37.
gracilis Steph., voir *attenuata*.
graveolens Nees. (**Geocalyx**), p. 54.
Grimaldia Radd., p. 22, 65.
Grimsulana Jack. (**Cephaloziella**), p. 52.
Gymnomitrium Cord., voir **Acolea**.

hamatifolia Dum. (**Lejeunea**), p. 29.
Haplomitrium Nees., p. 24, 72.
Harpanthus Nees., p. 20, 54.
hemisphærica Radd. (**Reboulia**), p. 64.
Henriquezii Lev. (**Euriccia**), p. 68.
heterophylla Dum. (**Locopholea**), p. 55.
hibernica Gottsch. (**Dilæna**), p. 61.
Hookeri Nees. (**Haplomitrium**), p. 72.
Hookeriana Nees., voir *rivularis*.
Hornschuchiana Schiffn., voir *bantriensis*.
Hübeneriana Lindb. (**Ricciella**), p. 67.
Husnoti Steph. (**Anthoceros**), p. 70.
Husnoti Corb. (**Fossombronia**), p. 71.
Hutchinsiæ Dum. (**Jubula**), p. 27.
hyalina Corb. (**Mesophylla**), p. 39.
Hygrobiella Spr., p. 17, 32.
hypophylla Lin. (**Targionia**), p. 66.

implexum Nees. (**Mastigobryum**), p. 35.
incisa Dum. (**Lophozia**), p. 58.
inflata How. (**Lophozia**), p. 56.
intermedia Husnot. (**Scapania**), p. 45.
intermedia Lindb. (**Lophozia**), voir *capitata*.
interrupta Dum. (**Plagiochila**), p. 42.
irrigua Nees. (**Dumortiera**), p. 63.
irrigua Dum. (**Scapania**), p. 44.
italicum DN. (**Plagiochasma**), p. 64.

Jackii Gotsch. (**Frullania**), p. 26.
Jamesoniella Steph., p. 18, 41.
Jubula Dum., p. 16, 27.
julacea Dum. (**Anthelia**), p. 32.
Jungermannia : Ce genre a été supprimé et les espèces qui le constituaient, réparties en d'autres genres, sont en cette table à leur place alphabétique.

Kunzeanus Hübn. (**Sphenolobus**), p. 47.

lævigata Dum. (**Madotheca**), p. 30.
lævis Lin. (**Anthoceros**), p. 70.
lamellosa Radd. (**Euriccia**), p. 69.
Lammersiana Hübn. (**Eucephalozia**), p. 50.
lanceolata Nees. (**Liochlæna**), p. 38.
latifrons Lindb. (**Aneura**), p. 60.
laxifolia Spr. (**Hygrobiella**), p. 32.
Lejeunea Lib., p. 16, 28.
Lepidozia Dum., p. 17, 35.
leucantha Spr. (**Cephaloziella**), p. 52.

Lindenbergiana Cord. (**Fimbriaria**), p. 65.
Liochlæna Nees., p. 18, 38.
Lophocolea Dum., p. 20, 54, 55.
Lophozia Dum., p. 20, 56, 57, 58, 59.
Lunularia Mich., p. 21, 63
lunulifolia Dum. (**Eucephalozia**), p. 51.
lycopodioides Cogn. (**Lophozia**), p. 59.
Lyellii Dum. (**Dilæna**), p. 61.
Lyoni Tayl. (**Lophozia**), p. 59.

Mackaii Dum. (**Phragmicoma**), p. 29.
macrocarpa Lev. (**Euriccia**), p. 69.
Madotheca Dum., p. 16, 30, 31.
Marchantia Lin., p. 21, 63.
marchantioides Radd. (**Corsinia**), p. 66.
marchica Steph. (**Lophozia**), p. 58.
Marsupella Dum., p. 19, 48, 49.
Mastigobryum Nees., p. 17, 35.
Mesophylla Dum., p. 18, 39.
Metzgeria Radd., p. 21, 61.
Michauxii Web. (**Sphenolobus**), p. 47.
Michelii Radd. (**Euriccia**), p. 68.
minima Lin., voir *nigrella*, p. 68.
minor Limpr. (**Alicularia**), p. 40.
minor Nees. (**Aplozia**), p. 37.
minor Nees. (**Lophocolea**), p. 55.
minutissima Spr. (**Lejeunea**), p. 28.
minutus Steph. (**Sphenolobus**), p. 47.
Mülleri Dum. (**Lophozia**), p. 57.
multifida Dum. (**Aneura**), p. 60.

nana Nees. (**Aplozia**), p. 37.
natans Lin. (**Ricciocarpus**), p. 67.
Neesiana Limpr. (**Pellia**), p. 62.
Neesiella Schiffn., p. 22, 65.
nemorosa Dum. (**Scapania**), p. 44.
nevicensis Kaal. (**Marsupella**), p. 49.
nigrella DC. (**Euriccia**), p. 68.
nigrella DN. (**Mesophylla**), p. 39.
nivalis Lindb. (**Anthelia**), p. 32.
Nowellia Mitt., p. 20, 50.

obovata Corb. (**Mesophylla**), p. 39.
obscura Nees. (**Madotheca**), p. 30.
obtusa Ev. (**Lophozia**), p. 57.
obtusifolium Dum. (**Diplophyllum**), p. 46.
Odontoschisma Dum., p. 18, 41.
orcadensis Hook. (**Lophozia**), p. 56.
ovata Tayl. (**Lejeunea**), p. 29.

paleacea Bert. (**Marchantia**), p. 63.
palmata Dum. (**Aneura**), p. 60.
papillosa Moris. (**Euriccia**), p. 68.
Pellia Radd., p. 21, 62.
Phragmicoma Dum., p. 16, 29.
pilosa Tayl. (**Fimbriaria**), p. 65.
pinguis Dum. (**Aneura**), p. 60.
pinnatifida Nees. (**Aneura**), p. 60.
Plagiochasma L. et L., p. 22, 64.
Plagiochila Dum., p. 19, 42.
platyphylla Dum. (**Madotheca**), p. 31.
platyphylloidea Dum. (**Madotheca**), p. 31.
pleniceps Lindb. (**Eucephalozia**), p. 51.
Pleurocladа Spr., p. 20, 50.
Pleuroschisma Dum., voir **Mastigobryum**.

polita Nees. (**Lophozia**), p. 58.
polyanthus Cord. (**Chiloscyphus**), p. 38.
polymorpha Lin. (**Marchantia**), p. 63.
Porella Nees. (**Madotheca**), p. 31.
Preissia Cord., p. 22, 64.
Prionolobus Schiffn., p. 20, 53.
Ptilidium Nees., p. 17, 34.
pubescens Radd. (**Metzgeria**), p. 61.
pumila Dum. (**Aplozia**), p. 37.
punctatus Lin. (**Anthoceros**), p. 70.
pusilla Lin. (**Blasia**), p. 62.
pusilla Dum. (**Fossombronia**), p. 71.
pyramidata Dum. (**Tessellina**), p. 66.
quinquedentata Lin., voir *Lyoni*.

Radula Dum., p. 16, 31
Reboulia Radd., p. 22, 64.
reclusa Tayl. (**Eucephalozia**), p. 51.
reptans Dum. (**Lepidozia**), p. 35.
resupinata Dum. (**Scapania**), p. 44.
revoluta Dum. (**Marsupella**), p. 49.
Ricciella Bisch., p. 23, 67.
Ricciocarpus Cord., p. 23, 67.
Riella Mont., p. 24, 72.
riparia Dum. (**Aplozia**), p. 36.
rivularis Radd. (**Lophocolea**), p. 55.
rivularis Nees. (**Madotheca**), p. 31.
Rossettiana Mass. (**Lejeunea**), p. 28.
rupestris Schiffn. (**Neesiella**), p. 65.

Saccogyna Dum., p. 18, 38.
Sarcoscyphus Spr., voir **Marsupella**.
Sauteria Nees., p. 22, 64.
saxicolus Schr. (**Sphenolobus**), p. 47.
scalaris Cord. (**Alicularia**), p. 40.
Scapania Dum., p. 19, 43, 44, 45.
Schraderi Mart., voir *autumnalis*.
Schreberi Nees. (**Lophozia**), p. 59.
scutatus Spr. (**Harpanthus**), p. 54.
serpillifolia Lib. (**Lejeunea**), p. 29.
setaceum Dum. (**Blepharostoma**), p. 34.
setiformis Dum. (**Anthelia**), p. 32.
sinuata Dum. (**Aneura**), p. 60.
Solenostoma Steph., p. 18, 40.
sorocarpa Bisch. (**Euriccia**), p. 69.
Southbya Spr., voir **Mesophylla**.
sphacelata Dum. (**Marsupella**), p. 49.
Sphagni Dum. (**Odontoschisma**), p. 41.
sphærocarpa Dum. (**Aplozia**), p. 36.
Sphærocarpus Mich., p. 21, 66.
Sphenolobus Lindb., p. 19, 47.
spicata Tayl. (**Lophocolea**), p. 54.
spinulosa Dum. (**Plagiochila**), p. 42.
Sprucei Steph. (**Marsupella**), p. 49.
stillicidiorum DN. (**Mesophylla**), p. 39.
subalpina Dum. (**Scapania**), p. 43.

Tamarisci Dum. (**Frullania**), p. 27.
Targionia Lin., p. 23, 66.
Taylori Dum. (**Coleochila**), p. 41.
terrestris Sm. (**Sphærocarpus**), p. 66.
Tessellina Dum., p. 23 66.
Thuya Dum. (**Madotheca**), p. 30.
tomentella Dum. (**Trichocolea**), p. 34.
Trichocolea Dum., p. 17, 34.
Trichomanis Dum. (**Cincinnulus**), p. 26.

trichophyllum Dum. (**Blepharostoma**), p. 34.
tricrenatum Nees. (**Mastigobryum**), p. 35.
trilobatum Nees. (**Mastigobryum**), p. 35.
tumidula Tayl. (**Lepidozia**), p. 35.
turbinata Steph. (**Lophozia**), p. 57.
Turneri Spr. (**Prionolobus**), p. 53.

ulicina G. L. N. (**Lejeunea**), p. 29.
uliginosa Dum. (**Scapania**), p. 44.
umbrosa Dum. (**Scapania**), p. 45.
undulata Dum. (**Scapania**), p. 44.

varians Steph. (**Acolea**), p. 33.
ventricosa Dum. (**Lophozia**), p. 56.
viticulosa Dum. (**Saccogyna**), p. 38.

Wondraczekii Dum. (**Fossombronia**), p. 71.

DIJON. — IMPRIMERIE JOBARD.

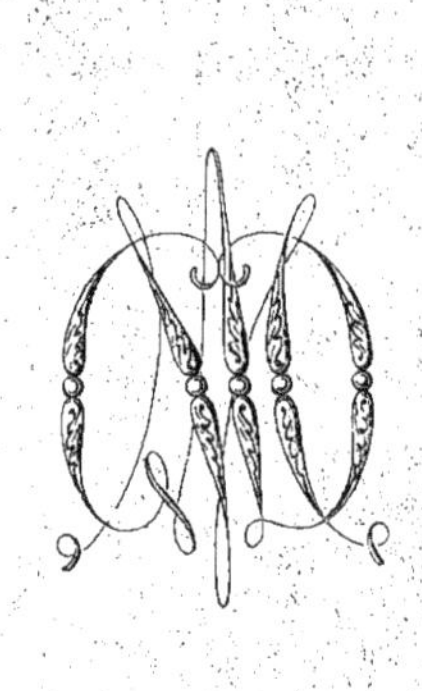

www.ingramcontent.com/pod-product-compliance
Ingram Content Group UK Ltd.
Pitfield, Milton Keynes, MK11 3LW, UK
UKHW020312220726
13923UKWH00003B/1095

9 782019 625917